O ABISMO VERTIGINOSO

Carlo Rovelli

O abismo vertiginoso

Um mergulho nas ideias e nos efeitos da física quântica

TRADUÇÃO
Silvana Cobucci

2ª reimpressão

Grafia atualizada segundo o Acordo Ortográfico da Língua Portuguesa de 1990, que entrou em vigor no Brasil em 2009.

Título original
Helgoland

Capa
Jason Booher

Revisão técnica
Carlos Roberto Rabaça

Preparação
Diogo Henriques

Índice remissivo
Probo Poletti

Revisão
Valquíria Della Pozza
Ana Maria Barbosa

Dados Internacionais de Catalogação na Publicação (CIP)
(Câmara Brasileira do Livro, SP, Brasil)

Rovelli, Carlo
O abismo vertiginoso : Um mergulho nas ideias e nos efeitos da física quântica / Carlo Rovelli ; tradução Silvana Cobucci — 1ª ed. — Rio de Janeiro : Objetiva, 2021.

Título original: Helgoland.
ISBN 978-85-470-0131-5

1. Física quântica I. Título.

21-68748 CDD-539

Índice para catálogo sistemático:
1. Física quântica 539

Cibele Maria Dias - Bibliotecária - CRB-8/9427

EDITORA SCHWARCZ S.A.
Praça Floriano, 19, sala 3001 — Cinelândia
20031-050 — Rio de Janeiro — RJ
Telefone: (21) 3993-7510
www.companhiadasletras.com.br
www.blogdacompanhia.com.br
facebook.com/editoraobjetiva
instagram.com/editora_objetiva
twitter.com/edobjetiva

Para Ted Newman, que me fez entender
que eu não entendia a mecânica quântica

Sumário

Mergulhar o olhar no abismo

Časlav e eu estamos sentados na areia a poucos passos do mar. Conversamos longamente durante horas. Viemos à ilha de Lamma, em frente à ilha de Hong Kong, na tarde de intervalo da conferência. Časlav é um dos mais renomados especialistas em mecânica quântica. Na conferência, apresentou uma análise de um complexo experimento ideal. Nós o discutimos e rediscutimos na trilha que margeia a floresta até a praia e depois aqui, à beira-mar. Chegamos a concordar praticamente em relação a tudo. Na praia, há um longo momento de silêncio entre nós. Olhamos o mar. "É realmente incrível", sussurra Časlav. "Como acreditar nisso? É como se a realidade... não existisse..."

Estamos nessa situação no que diz respeito aos quanta. Pensando bem, depois de um século de resultados impressionantes, depois de nos fornecer a tecnologia contemporânea e a base para toda a física do século XX, a teoria mais bem-sucedida da ciência ainda nos enche de espanto, confusão e incredulidade.

Houve um momento em que a gramática do mundo parecia clara: a origem de todas as diversificadas formas da realidade parecia resumir-se a partículas de matéria guiadas por poucas forças. A humanidade podia pensar que conseguira levantar o véu de Maia e ver a realidade mais profunda. Mas durou pouco: muitos fatos não batiam.

Até que, no verão de 1925, um jovem alemão de 23 anos foi passar alguns dias de inquieta solidão numa ventosa ilha do mar do Norte: Helgoland, a ilha sagrada. Ali, teve uma ideia que permitiu explicar todos os fatos recalcitrantes e construir a estrutura matemática da mecânica quântica, a "teoria dos quanta". Talvez a maior revolução científica de todos os tempos. O nome do jovem era Werner Heisenberg. A história deste livro começa com ele.

A teoria dos quanta esclareceu as bases da química, o funcionamento dos átomos, dos sólidos, dos plasmas, a cor do céu, os neurônios de nosso cérebro, a dinâmica das estrelas, a origem das galáxias... uma infinidade de aspectos do mundo. É o fundamento das tecnologias mais recentes: dos computadores às centrais nucleares. Faz parte do cotidiano de engenheiros, astrofísicos, cosmólogos, químicos e biólogos. Rudimentos da teoria estão no currículo do ensino médio. Ela nunca falhou. É o coração pulsante da ciência atual. Apesar disso, continua a ser um mistério. Um pouco perturbador.

Ela destruiu a imagem da realidade constituída de partículas que se movem ao longo de trajetórias definidas, sem contudo esclarecer como devemos pensar o mundo. Sua matemática não descreve a realidade, não nos diz "o que existe". Objetos distantes parecem magicamente ligados entre si. A matéria é substituída por fantasmagóricas ondas de probabilidades.

Todos os que se perguntam o que a teoria dos quanta nos diz sobre o mundo real ficam perplexos. Einstein, embora tenha antecipado suas ideias e inspirado Heisenberg, nunca a aceitou; Richard Feynman, o grande físico teórico da segunda metade do século XX, escreveu que ninguém entende os quanta.

Mas a ciência é isto: uma exploração de novas maneiras de pensar o mundo. É a capacidade que temos de questionar constantemente nossos conceitos. É a força visionária de um pensamento rebelde e crítico capaz de modificar suas próprias bases conceituais e de redesenhar o mundo partindo do zero.

Se a estranheza da teoria nos confunde, também nos abre novas perspectivas para compreender a realidade. Uma realidade mais sutil que a do materialismo simplista das partículas no espaço. Uma realidade feita mais de relações que de objetos.

A teoria sugere novos caminhos para repensar grandes questões, da estrutura da realidade à natureza da experiência, da metafísica até, talvez, a natureza da consciência. Hoje, todas essas coisas são objeto de um acirrado debate entre cientistas e entre filósofos, e falo de tudo isso nas páginas que se seguem.

Na ilha de Helgoland, despojada, remota, fustigada pelo vento do Norte, Werner Heisenberg levantou um véu entre nós e a verdade; além daquele véu surgiu um abismo. O relato deste livro parte da ilha onde Heisenberg concebeu a semente da sua ideia e se estende progressivamente às questões cada vez mais amplas abertas pela descoberta da estrutura quântica da realidade.

Escrevi estas páginas em primeiro lugar para quem não conhece a física quântica e deseja compreender, na medida do possível, o que ela é e quais são suas implicações. Procurei ser o mais conciso possível, deixando de lado todos os detalhes que não sejam essenciais para apreender o cerne da questão. Procurei ser o mais claro possível, para falar de uma teoria que está no centro da obscuridade da ciência. Mais do que explicar como entender a mecânica quântica, eu talvez apenas explique por que é tão difícil entendê-la.

Mas o livro foi pensado também para os colegas, cientistas e filósofos, que, quanto mais se aprofundam na teoria, mais ficam perplexos com ela; para continuar o diálogo em curso sobre o significado dessa física impressionante e chegar a uma perspectiva geral. Por isso incluí inúmeras notas, destinadas a quem já conhece bem a mecânica quântica. Elas traduzem com mais precisão o que tento dizer no texto de maneira mais legível.

O principal objetivo da minha pesquisa em física teórica tem sido compreender a natureza quântica do espaço e do tempo. Tornar a teoria dos quanta coerente com as descobertas de Einstein sobre espaço e tempo. Venho refletindo continuamente sobre os quanta. Este texto é o ponto em que cheguei hoje. Ele não ignora opiniões divergentes, mas faz questão de tomar partido: concentra-se na perspectiva que considero eficaz e que, a meu ver, abre os caminhos mais interessantes, a interpretação "relacional" da teoria.

Um aviso antes de começar. O abismo do que não sabemos é sempre magnético e vertiginoso. Mas levar a mecânica quântica a sério, refletir sobre suas implicações, é uma experiência quase psicodélica: exige que, de um modo ou de outro, renunciemos a algo que nos parecia sólido e inquestionável na nossa compreensão do mundo. Exige que aceitemos que a realidade é profundamente diferente do que imaginávamos. Que mergulhemos o olhar nesse abismo, sem ter medo de afundar no insondável.

Lisboa, Marselha, Verona, Londres, Ontário, 2019-20

Primeira Parte

I

Olhando para um interior de estranha beleza.

Como um jovem físico alemão descobriu uma ideia bastante estranha, mas que descrevia o mundo muito bem, e a grande confusão que isso provocou.

A absurda ideia do jovem Werner Heisenberg: "os observáveis"

"Eram mais ou menos três da manhã quando o resultado final dos meus cálculos surgiu diante de mim. Fiquei muito abalado. Estava tão agitado que não conseguia nem pensar em dormir. Saí de casa e me pus a caminhar lentamente na escuridão. Subi numa pedra que se projetava sobre o mar, na ponta da ilha, e esperei o sol nascer..."[1]

Muitas vezes me perguntei quais eram os pensamentos e as emoções do jovem Heisenberg, naquela pedra acima do mar, na despojada e ventosa ilha de Helgoland, no mar do Norte, enquanto observava a vastidão das ondas, esperando o nascer do sol, depois de lançar pela primeira vez o olhar para um dos mais vertiginosos segredos da natureza jamais vislumbrados pela humanidade. Heisenberg tinha 23 anos.

Estava ali para encontrar algum alívio para a alergia que o atormentava. Helgoland — o nome significa "ilha sagrada" — praticamente não tem árvores e, portanto, quase nada de pólen. "Helgoland com sua única árvore", como diz Joyce em *Ulisses*. Heisenberg estava ali sobretudo para mergulhar no problema que o obcecava. A batata quente que Niels Bohr jogara em suas mãos. Dormia muito pouco, passava o tempo sozinho, tentando calcular algo que justificasse as incompreensíveis regras de Bohr. Fazia algumas pausas para escalar as pedras da ilha. Nesses poucos momentos, memorizava as poesias do *Divã ocidento-oriental* de Goethe: a coletânea em que o maior poeta alemão canta seu amor pelo islã.

Niels Bohr já era um cientista de renome. Escrevera fórmulas simples, mas estranhas, que previam as propriedades dos elementos químicos antes de medi-las. Elas previam, por exemplo, a frequência da luz emitida pelos elementos aquecidos: a cor que eles assumem. Um sucesso notável. No entanto, as fórmulas eram incompletas: não permitiam calcular a intensidade da luz emitida.

Mas, acima de tudo, essas fórmulas tinham algo realmente absurdo: assumiam, sem motivo, que os elétrons nos átomos orbitavam o núcleo apenas em *certas* órbitas precisas, a *certas* distâncias precisas do núcleo, com *certas* energias precisas; e depois "saltavam" magicamente de uma órbita para outra. Os primeiros "saltos quânticos". Por que só aquelas órbitas? O que são esses incongruentes "saltos" de uma órbita para outra? Qual força desconhecida pode levar um elétron a ter um comportamento tão bizarro?

O átomo é o tijolinho elementar de tudo. Como funciona? Como os elétrons se movem no interior dele? Bohr e seus colegas se faziam essas perguntas havia mais de dez anos. Inutilmente.

Em Copenhague, Bohr se cercou dos jovens físicos mais brilhantes que conseguiu encontrar para trabalhar com eles sobre os mistérios do átomo, como na oficina de um pintor renascentista. Um deles era Wolfgang Pauli, excelente, inteligentíssimo, arrogante, atrevido, amigo e colega de escola de Heisenberg. Apesar de sua arrogância, Pauli recomendou seu amigo Heisenberg ao grande Bohr, dizendo-lhe que tinham de chamá-lo caso quisessem avançar. Bohr aceitou a sugestão e, no outono de 1924, convidou Heisenberg, que era assistente do físico Max Born em Göttingen, para ir a Copenhague. Heisenberg ficou na capital dinamarquesa por alguns meses, discutindo com Bohr diante de lousas cheias de fórmulas. O jovem e o mestre fizeram juntos longas caminhadas na montanha falando dos mistérios do átomo, de física e de filosofia.[2]

Heisenberg mergulhou no problema e fez dele sua obsessão. Como os outros, também tentou de tudo. Nada funcionava. Nenhuma força razoável parecia capaz de guiar os elétrons nas estranhas órbitas e nos estranhos saltos de Bohr. E, no entanto, aquelas órbitas e aqueles saltos permitiam prever bem os fenômenos atômicos. Uma confusão.

O desânimo obriga a buscar remédios extremos. Na ilha do mar do Norte, sozinho, Heisenberg decidiu explorar ideias radicais.

No fundo, as ideias com as quais Einstein assombrara o mundo vinte anos antes também eram radicais. O radicalismo de Einstein mostrou-se eficaz. Pauli e Heisenberg eram apaixonados por sua física. Einstein era o mito. Será que não chegara o momento, perguntavam-se, de arriscar um passo igualmente radical para sair do impasse dos elétrons nos átomos? E se eles conseguissem dar esse passo? Aos vinte anos, os sonhos são ousados.

Einstein havia mostrado que as convicções mais arraigadas podem ser equivocadas. O que parece óbvio pode não ser correto. Abandonar suposições que parecem óbvias pode levar a uma compreensão melhor. Ele ensinou que devemos nos basear apenas no que vemos, não no que pensamos que deve existir.

Pauli repetia reiteradamente essas ideias para Heisenberg. Os dois jovens tinham provado desse mel venenoso. Tinham acompanhado as discussões sobre a relação entre realidade e experiência que perpassavam a filosofia austríaca e alemã do começo do século XX. Ernst Mach, que teve uma influência determinante sobre Einstein, defendia a necessidade de basear o conhecimento apenas nas observações, libertando-se de qualquer conceito "metafísico" implícito. Eram esses os ingredientes díspares que se misturavam nos pensamentos do jovem Heisenberg, como componentes químicos de um explosivo, quando se refugiou na ilha de Helgoland, no verão de 1925.

E ali ele teve a ideia. Uma ideia que só se pode ter no radicalismo sem freios dos vinte anos. A ideia destinada a abalar toda a física, toda a ciência, toda a nossa concepção do mundo. A ideia que a humanidade, a meu ver, ainda não digeriu.

O salto de Heisenberg era tão ousado quanto simples. Ninguém conseguia encontrar a força capaz de guiar os elétrons em seu comportamento bizarro? Ora, então vamos deixar de lado uma nova força. Em vez disso, vamos usar a que já conhecemos: a força elétrica que atrai o elétron para o núcleo. Não encontramos novas leis do movimento para justificar as órbitas e os saltos de Bohr? Então vamos manter as leis do movimento que já conhecemos, sem alterá-las.

Em contrapartida, vamos mudar a maneira de pensar o elétron. Renunciemos à ideia de que um elétron é um objeto que se move ao longo de uma trajetória. Deixemos de descrever o movimento do elétron. Vamos descrever apenas o que *observamos de fora*: intensidade e frequência da luz emitida pelo elétron. Vamos basear tudo apenas em quantidades que sejam *observáveis*. Essa é a ideia.

Heisenberg tentou recalcular o comportamento do elétron usando unicamente as quantidades que observamos: a frequência e a amplitude da luz emitida. Procurou recalcular a energia do elétron partindo dali.

Nós observamos os efeitos dos *saltos* de elétrons de uma órbita de Bohr para outra. Heisenberg substituiu as variáveis físicas por *tabelas* com a órbita de partida nas linhas e a órbita de chegada nas colunas. Cada casa da tabela, que ocupa uma linha e uma coluna, descreve o salto de determinada órbita para outra. Ele passou seu tempo na ilha tentando usar essas tabelas para calcular algo que justificasse as regras de Bohr. Dormia muito pouco. Não conseguia fazer os cálculos para o elétron no átomo; eram difíceis demais. Tentou fazê-los para um sistema mais simples: um pêndulo. Buscou as regras de Bohr nesse caso simplificado.

Em 7 de junho, algo começou a fazer sentido:

> Quando o primeiro termo pareceu dar certo [reencontrar as regras de Bohr], comecei a ficar muito agitado, a cometer um erro de aritmética atrás do outro. Eram mais ou menos três da manhã quando o resultado final das minhas contas surgiu diante de mim. Estava certo em todos os termos.
>
> De repente não tive mais dúvidas sobre a coerência da nova mecânica "quântica" que meu cálculo indicava.
>
> Eu estava muito abalado. Tinha a sensação de que, através da superfície dos fenômenos, estava olhando para um interior de estranha beleza; sentia-me aturdido só de pensar que agora tinha de investigar essa nova riqueza de estrutura matemática que a natureza tão generosamente dispunha diante de mim.

Essas palavras nos arrepiam. Através da superfície dos fenômenos, "um interior de estranha beleza". Elas evocam as palavras escritas por Galileu quando viu aparecer uma regularidade matemática em suas medidas sobre a queda de objetos ao longo do plano inclinado, a primeira lei matemática descoberta pela humanidade que descreve o movimento de objetos na Terra: "Não existe emoção maior que vislumbrar a lei matemática por trás da desordem das aparências".

Em 9 de junho, Heisenberg voltou da ilha de Helgoland para sua universidade: Göttingen. Enviou uma cópia dos resultados ao amigo Pauli, comentando: "Tudo é ainda muito vago e não está claro para mim, mas parece que os elétrons já não se moverão em órbitas".

Em 9 de julho, entregou uma cópia do trabalho a Max Born, o professor de quem era assistente (não o confundam com Niels Bohr, de Copenhague), acompanhada de um bilhete com os seguintes dizeres: "Escrevi um trabalho maluco e não tenho coragem de enviá-lo a uma revista para publicação". Pediu-lhe que o lesse e lhe dissesse o que fazer.

Em 25 de julho, o próprio Max Born enviou o trabalho de Heisenberg para a *Zeitschrift für Physik*.[3]

Percebendo a importância do passo dado por seu jovem assistente, ele tentou esclarecer as coisas. Pediu que seu aluno Pascual Jordan tentasse organizar os bizarros resultados de Heisenberg.[4] Este, por sua vez, buscou o apoio de Pauli, que hesitou: parecia-lhe um jogo matemático demasiado abstrato e obscuro. No início, portanto, só três pessoas trabalharam na teoria: Heisenberg, Born e Jordan.

Eles trabalharam febrilmente e em poucos meses conseguiram finalizar toda a estrutura formal de uma nova mecânica. É muito simples: as forças são as mesmas da física clássica; as equações são as mesmas da física clássica (mais uma* da qual falo mais

* $XP - PX = i\hbar$.

adiante); mas as variáveis são substituídas por tabelas de números, ou "matrizes".

Por que tabelas de números? O que observamos de um elétron num átomo é a luz emitida quando, de acordo com a hipótese de Bohr, o elétron salta de uma órbita para outra. Um salto envolve *duas* órbitas: a de partida e a de chegada. Assim, como mencionei, cada observação pode ser disposta na casa de uma tabela, na qual a órbita de partida determina a linha, e a de chegada, a coluna.

A ideia de Heisenberg era escrever *todas* as quantidades que descrevem o movimento do elétron não mais como números, mas como tabelas de números. Em vez de ter uma única posição x para o elétron, tem-se toda uma tabela X de possíveis posições: uma para cada possível salto. A ideia da nova teoria era continuar a usar as equações da física de sempre, simplesmente substituindo as quantidades usuais (posição, velocidade, energia e frequência da órbita...) por essas tabelas. Intensidade e frequência da luz emitida em um salto, por exemplo, seriam determinadas pela casa correspondente da tabela. A tabela correspondente à energia tinha números apenas na diagonal, e estes seriam as energias das órbitas de Bohr.

Ficou claro? Nem um pouco. Escuro como breu.

		ÓRBITA DE CHEGADA				
		Órbita 1	*Órbita 2*	*Órbita 3*	*Órbita 4*	...
ÓRBITA DE PARTIDA	*Órbita 1*	X_{11}	X_{12}	X_{13}	X_{14}	...
	Órbita 2	X_{21}	X_{22}	X_{23}	X_{24}	...
	Órbita 3	X_{31}	X_{32}	X_{33}	X_{34}	...
	Órbita 4	X_{41}	X_{42}	X_{43}	X_{44}	...
	...	...	...	...	...	...

Uma matriz de Heisenberg: a tabela de números que "representa" a posição do elétron. O número X_{23}, por exemplo, refere-se ao salto da segunda para a terceira órbita.

No entanto, essa absurda receita de substituir variáveis por tabelas permite calcular os resultados corretos: prevê exatamente o que observamos nos experimentos.

Para grande espanto dos três mosqueteiros de Göttingen, antes do fim do ano Born recebeu por correio um breve artigo de um desconhecido jovem inglês. No artigo estava construída essencialmente a mesma teoria, numa linguagem matemática ainda mais abstrata que as matrizes de Göttingen.[5] O jovem era Paul Dirac. Em junho, Heisenberg realizara uma conferência na Inglaterra, ao final da qual falara de suas ideias; Dirac estava na plateia, mas estava cansado e não entendeu nada. Mais tarde seu professor lhe entregou o trabalho de Heisenberg que recebera pelo correio e que também não havia entendido. Dirac o leu, achou que não tinha sentido e deixou-o de lado. Mas algumas semanas mais tarde, durante um passeio ao ar livre, refletiu sobre as ideias ali expostas e percebeu que as tabelas de Heisenberg se pareciam com as coisas que ele próprio tinha estudado num curso do qual não se lembrava bem, e precisou esperar até a abertura da biblioteca na segunda-feira para refrescar suas ideias num livro...[6] A partir daí, em pouco tempo, Dirac também construiu, independentemente, a mesma teoria elaborada pelos três magos de Göttingen.

Só faltava aplicar a nova teoria ao elétron no átomo e ver se realmente funcionava. Será que de fato permitia calcular todas as órbitas de Bohr?

O cálculo se mostrou difícil, e os três não conseguiram completá-lo. Pediram a ajuda de Pauli,[7] sempre o mais brilhante (e presunçoso) de todos. Pauli respondeu: "Efetivamente, este é um cálculo difícil demais... para vocês". Com tecnicismos acrobáticos, completou-o em algumas semanas.[8]

O resultado era perfeito: os valores da energia calculados com a teoria das matrizes de Heisenberg, Born e Jordan eram exatamente os imaginados por Bohr. O novo esquema levava às estranhas regras de Bohr para os átomos. E não era só isso. A teoria permitia calcular também a intensidade da luz emitida, algo que as regras de Bohr não conseguiam fazer. Também esta foi comprovada com os experimentos!

Foi um sucesso.

Einstein escreveu uma carta a Hedi, a esposa de Born: "As ideias de Heisenberg e Born deixam todos em expectativa e ocupam a mente de todos que têm interesses teóricos".[9] Numa carta ao querido amigo de sempre, Michele Besso, observou: "A teorização mais interessante dos últimos tempos é a de Heisenberg-Born-Jordan sobre os estados quânticos: um verdadeiro cálculo de bruxaria".[10]

Anos mais tarde, Bohr, o mestre, lembraria:

> Na época, tinha-se apenas uma vaga esperança de [se conseguir chegar a] uma reformulação da teoria em que pouco a pouco se eliminasse todo uso não apropriado das ideias clássicas. Impressionados com a dificuldade de tal programa, todos sentimos a maior admiração por Heisenberg quando, com apenas 23 anos, alcançou o objetivo de uma só vez.[11]

Com exceção de Born, que já estava na casa dos quarenta, Heisenberg, Jordan e Dirac tinham todos vinte e poucos anos. Em Göttingen, chamavam sua física de "Knabenphysik": a física dos garotos.

Dezesseis anos depois. A Europa estava abalada pela guerra mundial. Heisenberg tornou-se um cientista famoso. Hitler incumbiu-o de usar o saber sobre o átomo para construir uma bomba que o fizesse ganhar a guerra. Heisenberg tomou o trem rumo a Copenhague, na Dinamarca ocupada pelo Exército alemão, para visitar o velho mestre. O velho e o jovem conversaram. Despediram-se sem chegar a um acordo. Heisenberg diria que procurou Bohr para falar sobre o problema moral suscitado pela perspectiva de uma bomba assustadora. Nem todos acreditaram nele. Pouco depois, um comando inglês raptou Bohr com o consentimento dele e o retirou da Dinamarca ocupada. Bohr foi transferido para a Inglaterra, onde chegou a ser recebido pessoalmente por Churchill, depois para os Estados Unidos, onde seu conhecimento foi posto em prática, com a geração dos jovens físicos que aprenderam a usar a mecânica dos quanta para manipular os átomos. Hiroshima e Nagasaki foram aniquiladas e 200 mil seres humanos, homens, mulheres e crianças, foram mortos numa fração de segundo. Hoje vivemos com dezenas de milhares de ogivas nucleares apontadas para nossas cidades. Se alguém perder a cabeça, poderá destruir a vida na Terra. O poder letal da "física dos garotos" está à vista de todos.

Felizmente não existe apenas a bomba. A teoria dos quanta foi aplicada a átomos, núcleos atômicos, partículas elementares, à física das ligações químicas, à física dos materiais sólidos, aos líquidos e aos gases, aos semicondutores, aos raios laser, à física das estrelas como o Sol, à física das estrelas de nêutrons, ao universo primordial, à física da formação das galáxias e assim por diante — eu poderia continuar por páginas. Ela levou a compreender partes inteiras da natureza, como a tabela periódica dos elementos, por exemplo, a aplicações médicas que salvaram milhões de vidas humanas, a novos equipamentos, novas tecnologias, aos computadores. A teoria previu fenômenos novos, jamais observados nem imaginados: correlações quânticas a quilômetros de distância, computadores quânticos, teletransporte... e todas essas previsões se revelaram corretas. A série de sucessos se mantém ininterruptamente por um século e não para.

O esquema de cálculo de Heisenberg, Born, Jordan e Dirac, a estranha ideia de "limitar-se apenas ao que é observável", e substituir variáveis físicas por matrizes,[12] nunca falhou. É a única teoria fundamental do mundo que até agora nunca errou e cujos limites não conhecemos.

Mas por que não podemos descrever o que é e o que faz o elétron quando *não* olhamos para ele? Por que temos de falar apenas dos seus "observáveis"? Por que podemos falar somente de seu efeito quando pula de uma órbita para outra, e não podemos simplesmente dizer onde está a cada momento? O que significa substituir números por tabelas de números?

O que significa: "Tudo é ainda muito vago e não está claro para mim, mas parece que os elétrons já não se moverão em órbitas"? O amigo Pauli escreveria a respeito de Heisenberg: "Raciocinava de modo terrível, era pura intuição, não tinha nenhum cuidado em elaborar claramente os conceitos fundamentais e sua relação com as teorias existentes...".

O mágico artigo de Werner Heisenberg que deu origem a tudo, concebido na ilha sagrada do mar do Norte, começava com esta frase: "O objetivo deste trabalho é lançar os fundamentos para uma teoria da mecânica quântica baseada exclusivamente em relações entre quantidades que em princípio sejam observáveis".

Observáveis? Mas a natureza sabe se há alguém observando?

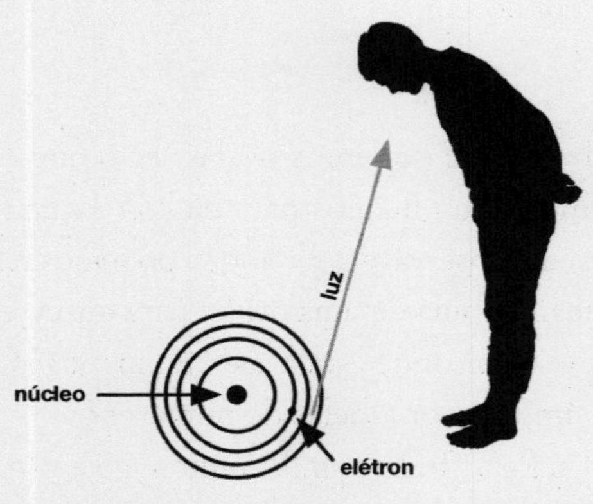

A teoria não diz como o elétron se move durante um salto. Diz apenas o que vemos quando ele salta. Por quê?

A confusa ψ de Erwin Schrödinger: "a probabilidade"

No ano seguinte, 1926, tudo pareceu ficar claro. O físico austríaco Erwin Schrödinger conseguiu obter o mesmo resultado que Pauli, ou seja, calculou as energias de Bohr do átomo, mas de maneira completamente diferente.

Esse resultado também não surgiu num departamento universitário: Schrödinger encontrou-o durante uma escapada com uma amante secreta num chalé nos Alpes suíços. Criado na atmosfera livre e permissiva da Viena do início do século, brilhante e encantador, Erwin Schrödinger sempre teve diversas companheiras ao mesmo tempo, e não escondia certo fascínio pelas pré-adolescentes. Anos depois, apesar do prêmio Nobel, sua posição em Oxford foi abalada em virtude de um estilo de vida demasiado pouco conformista até mesmo para o pretenso anticonformismo inglês: morava com a esposa, Anny, e a amante, Hilde, que esperava um filho dele e era casada com seu assistente. Nos Estados Unidos, a situação não melhorou: em Princeton, Erwin, Anny e Hilde queriam viver juntos cuidando da pequena Ruth, nascida nesse meio-tempo, mas a universidade não aceitou. Mudaram-se para Dublin, mais liberal. Mas ali também Schrödinger acabou causando um escândalo, depois de ter tido dois filhos com duas alunas... Comentário de sua esposa Anny: "É mais fácil viver com um canarinho do que com um potro, mas prefiro um potro".[1]

O nome da companheira com quem Schrödinger se refugiou nas montanhas nos primeiros dias de 1926 continua a ser um mistério. Sabemos apenas que era uma velha amiga vienense. Diz a lenda que ele partiu levando apenas a mulher, duas pérolas para inserir nos ouvidos e se isolar quando queria pensar na física e a tese de um jovem cientista francês, Louis de Broglie, que Einstein o aconselhara a ler.

A tese de De Broglie investigava a ideia de que, na realidade, partículas como os elétrons poderiam ser ondas. Como as ondas do mar ou as ondas eletromagnéticas. Com base em algumas analogias teóricas bastante vagas, De Broglie sugeria que podemos imaginar um elétron como uma ondinha que corre.

Que relação pode haver entre uma onda, que se espalha por todos os lados, e uma partícula, que permanece compacta seguindo uma trajetória fixa? Imaginem o raio de luz de um laser: ele parece seguir uma trajetória nítida. Mas é feito de luz, que é uma onda, uma oscilação do campo eletromagnético. Com o tempo, de fato, o raio laser se dispersa no espaço. A linha precisa desenhada pela trajetória de um raio de luz é apenas uma aproximação que não leva em conta essa dispersão.

Schrödinger gostava da ideia de que as trajetórias das partículas elementares também são apenas aproximações do comportamento de uma onda subjacente.[2] Quando a expôs num seminário em Zurique, um estudante lhe perguntou se essas ondas obedeciam a uma equação. Na montanha, com as pérolas nas orelhas e nas pausas entre os doces momentos compartilhados com a amiga vienense, Schrödinger habilidosamente percorreu o caminho inverso que leva da equação de uma onda à trajetória de um raio de luz,[3] e dessa maneira acrobática descobriu a equação que a onda-elétron deve satisfazer quando está em um átomo. Estudou soluções dessa equação e... extraiu dela exatamente as energias de Bohr.[4] Uau!

Depois, ao conhecer a teoria de Heisenberg, Born e Jordan, conseguiu mostrar que, do ponto de vista matemático, as duas teorias são substancialmente equivalentes: preveem os mesmos valores.[5]

A ideia das ondas é tão simples que destrona o grupinho de Göttingen e suas esotéricas especulações sobre as quantidades observáveis. Parece o ovo de Colombo: Heisenberg, Born, Jordan e Dirac construíram uma teoria intricada e obscura apenas porque tomaram um caminho tortuoso e enganoso. As coisas são muito mais simples: o elétron é uma onda, eis tudo. As "observações" não importam.

Schrödinger também era fruto do agitado mundo filosófico e intelectual vienense do início do século: amigo do filósofo Hans Reichenbach, era fascinado pelo pensamento oriental, em especial pelo Vedanta hindu, e apaixonado pela filosofia de Schopenhauer (assim como Einstein), que interpreta o mundo como "representação". Certamente sem se deixar deter pelo conformismo, nem preocupado com "o que os outros vão dizer", a ideia de substituir um mundo de matéria por um mundo de ondas não o assustava.

A letra que Schrödinger usou para designar suas ondas foi a letra grega ψ, psi. A quantidade ψ costuma ser denominada "função de onda".[6] O esplêndido cálculo de Schrödinger parece mostrar que o mundo microscópico não é feito de partículas: é feito de ondas ψ. Em torno dos núcleos dos átomos não orbitam pontinhos de matéria: há ondulações contínuas das ondas de Schrödinger, como as ondas que agitam um pequeno lago sempre atingido pelo vento.

De repente, essa "mecânica ondulatória" parecia muito mais convincente que a "mecânica das matrizes" de Göttingen, embora levasse às mesmas previsões. As contas de Schrödinger são muito mais simples que as de Pauli. Os físicos da primeira metade do século XX estavam acostumados com as equações das ondas, mas não tinham nenhuma familiaridade com as matrizes. "A teoria de Schrödinger foi recebida com alívio: já não precisavam aprender a estranha matemática das matrizes", lembrou um conhecido físico da época.[7]

E acima de tudo: as ondas de Schrödinger são fáceis de imaginar e visualizar. Mostram claramente o que é a tal "trajetória do elétron" que Heisenberg queria fazer desaparecer: o elétron é uma onda capaz de se espalhar, eis tudo.

O sucesso de Schrödinger parecia total.

Mas era uma ilusão.

Heisenberg não demorou a perceber que a clareza conceitual das ondas de Schrödinger era uma cortina de fumaça. Cedo ou tarde, uma onda se difunde no espaço, mas isso não acontece com um elétron: quando chega de alguma parte, chega sempre e inteiro a um único ponto. Se um elétron é expulso de um núcleo atômico, a equação de Schrödinger prevê que a onda ψ se espalhe uniformemente por todo o espaço. Mas quando o elétron é revelado por um contador Geiger, por exemplo, ou por uma tela de televisão, chega a um único ponto, não se difunde no espaço.

A discussão sobre a mecânica ondulatória de Schrödinger se acirrou rapidamente e não demorou a se tornar virulenta. Heisenberg, que viu abalada a importância de sua descoberta, foi mordaz: "Quanto mais penso nos aspectos físicos da teoria de Schrödinger, mais repelentes os considero. O que Schrödinger escreve sobre a 'visuabilidade' da sua teoria 'não é provavelmente de todo exato'; em outras palavras: são bobagens".[8] Schrödinger tentou rebater com ironia: "Não consigo imaginar que um elétron fique pulando de um lado para outro como uma pulga".[9]

Mas Heisenberg tinha razão. Pouco a pouco ficou evidente que a mecânica ondulatória não é mais clara que a mecânica das matrizes de Göttingen. É outro instrumento de cálculo que produz números corretos, talvez mais simples de usar, mas por si só não nos fornece a imagem clara e imediata do que acontece, como esperava Schrödinger. A mecânica ondulatória é tão obscura quanto as matrizes de Heisenberg. Se todas as vezes que vemos um elétron o vemos num único ponto, como ele pode ser uma onda difundida no espaço?

Anos depois, Schrödinger, que ainda assim se tornaria um dos mais argutos pensadores sobre as questões suscitadas pelos quanta, reconheceria a derrota:

> Houve um momento em que os criadores da mecânica ondulatória [ou seja, ele próprio] se deixaram levar pela ilusão de terem eliminado a descontinuidade da teoria dos quanta. Mas as descontinuidades eliminadas pelas equações da teoria reaparecem no momento de confrontar a teoria com aquilo que observamos.[10]

De novo aparece "aquilo que observamos". Mas — uma vez mais — a natureza sabe se nós a observamos ou não?

Foi Max Born, novamente, quem acrescentou uma peça à questão, ao compreender pela primeira vez[11] o significado da onda ψ de Schrödinger. Born, com seu ar de engenheiro sério e um tanto distraído, é o menos exuberante e o menos conhecido entre os criadores da teoria dos quanta, mas talvez seja seu verdadeiro artífice, além de ter sido, como dizem os americanos, o "único adulto na sala", tanto no sentido figurado como no literal. Foi ele, em 1925, quem percebeu de forma clara que os fenômenos quânticos exigiam uma mecânica radicalmente nova, quem instilou a ideia nos jovens, quem pegou no ar a ideia correta no primeiro cálculo confuso de Heisenberg e a traduziu numa verdadeira teoria.

Born compreendeu que o valor da onda ψ de Schrödinger em um ponto no espaço determina a *probabilidade* de observar o elétron naquele ponto.[12] Se um átomo emite um elétron e é circundado por contadores Geiger, o valor da onda ψ onde há um contador determina a *probabilidade* de que seja esse contador, e não outro, que revele o elétron.

A onda ψ de Schrödinger não é, portanto, a representação de uma entidade real: é um instrumento de cálculo que nos diz a probabilidade de que algo real aconteça. É como as previsões do tempo, que nos dizem o que poderia ocorrer.

O mesmo — compreendeu-se logo depois — vale para a mecânica das matrizes de Göttingen: a matemática nos dá previsões *probabilísticas*, não previsões exatas. A teoria dos quanta, tanto na versão de Heisenberg como na versão de Schrödinger, prevê probabilidades, não certezas.

Por que probabilidades? Geralmente falamos de probabilidades quando não temos todos os dados do problema. A probabilidade de sair 5 na roda da roleta é uma em 37. Se conhecêssemos exatamente o estado inicial da bolinha no momento do lançamento e as forças que agem sobre ela, poderíamos prever o número que sairia. (Nos anos 1980, um grupo de jovens brilhantes ganhou muitos dólares, nos cassinos de Las Vegas, usando um pequeno computador escondido num sapato...)[13] Falamos de probabilidade quando não temos todos os dados do problema e não sabemos com certeza o que acontecerá.

A mecânica quântica de Heisenberg e Schrödinger prevê probabilidades: é uma teoria que não leva em conta todos os dados relevantes do problema? Por isso nos dá apenas probabilidades? Ou então a natureza realmente pula de um lado para outro *por acaso*?

O ateu Einstein formulou a pergunta numa linguagem expressiva: "Deus realmente joga dados?".

Einstein adorava a linguagem figurada e, apesar de seu declarado ateísmo, gostava de usar "Deus" em suas metáforas. Mas, nesse caso, sua frase pode ser lida em sentido literal: Einstein gostava de Spinoza, para quem "Deus" é sinônimo de "natureza". Portanto, "Deus realmente joga dados?" significa literalmente "As leis da natureza não são realmente determinísticas?". Como veremos, a cem anos de distância das polêmicas entre Heisenberg e Schrödinger, ainda se discute sobre essa pergunta.

Seja como for, a onda ψ de Schrödinger não é suficiente para esclarecer a obscuridade dos quanta. Não basta pensar que o elétron é uma simples onda. A onda ψ é algo pouco claro, que determina a probabilidade de que o elétron, uma partícula que se mostra sempre concentrada num único ponto, seja observada num lugar e não em outro. A onda ψ evolui no tempo seguindo a equação escrita por Schrödinger, *apenas fingindo que não olhamos para ela*. Quando a observamos, puf!, ela se concentra num ponto, e ali vemos a partícula.[14]

Como se o simples fato de observar fosse suficiente para modificar a realidade.

À obscura ideia de Heisenberg de que a teoria descreve apenas *observações*, e não o que acontece entre uma observação e outra, acrescenta-se a ideia de que a teoria só prevê a *probabilidade* de observar uma coisa ou outra. O mistério se torna ainda mais denso.

A granularidade do mundo: "os quanta"

Falei do nascimento da mecânica quântica ocorrido em 1925 e 1926, e introduzi duas ideias-chave da teoria: a estranha ideia de descrever apenas *observáveis*, encontrada por Heisenberg, e o fato de que a teoria prevê apenas *probabilidades*, compreendido por Born.

Há uma terceira ideia-chave. Para ilustrá-la, é melhor retroceder um pouco, às duas décadas que precedem a fatídica viagem de Heisenberg à ilha sagrada. No início do século XX, o bizarro comportamento dos elétrons nos átomos não era o único fenômeno estranho e incompreendido. Outros foram observados. Tinham algo em comum: evidenciavam uma curiosa *granularidade* da energia e outras quantidades físicas. Antes dos quanta, ninguém imaginava que a energia poderia ser granular. A energia numa pedra lançada, por exemplo, depende da velocidade da pedra: a velocidade da pedra pode ser qualquer uma, e, portanto, a energia pode ser qualquer uma. Mas comportamentos bizarros da energia surgiram nos experimentos na virada do século.

Dentro de um forno, por exemplo, as ondas eletromagnéticas se comportam de maneira curiosa. O calor (que é energia) não se distribui entre as ondas de todas as frequências como seria natural esperar: nunca chega às ondas de alta frequência. Em 1900, 25 anos antes de Heisenberg viajar para Helgoland, o físico alemão Max Planck chegou a uma fórmula[1] que reproduzia bem a maneira, medida em laboratório, como a energia do calor se distribui entre as ondas de diferentes frequências.[2] Planck conseguira derivar essa fórmula das leis gerais, mas para tanto teve de acrescentar uma hipótese bizarra: a de que a energia só podia chegar a cada onda em múltiplos inteiros.

Como se a energia se transferisse apenas em pacotes. Para que as contas de Planck funcionassem, a dimensão desses pacotes deveria ser diferente para ondas de diferentes frequências: deveria ser proporcional à frequência da onda.[3] Em outras palavras, as ondas de alta frequência seriam compostas por pacotes mais energéticos. A energia não chegaria às frequências altíssimas precisamente porque não haveria energia suficiente para fazer pacotes grandes o bastante.

Planck calculou a constante de proporcionalidade entre a energia de um pacote e a frequência da sua onda, usando observações experimentais. Denominou essa constante de "h". Sem saber bem o que significava. Hoje, em vez de usar h, costuma-se usar o símbolo $\hbar$, que corresponde a h dividida por 2π. Foi Heisenberg quem adquiriu o hábito de cortar o h com uma linha, porque, nos cálculos, h é muitas vezes dividida por 2π e ele se cansava de escrever $h/2\pi$ todas as vezes. Em português, o símbolo $\hbar$ se lê "h barra". Ele é conhecido como "constante reduzida de Planck", mas também é chamado de "constante de Planck", como o h sem o corte, gerando um pouco de confusão. Hoje, tornou-se o símbolo mais característico da teoria dos quanta. (Tenho uma camiseta com um pequeno $\hbar$ bordado, que uso com muito orgulho.)

Cinco anos mais tarde, Einstein sugeriu que a luz e todas as outras ondas eletromagnéticas seriam constituídas *precisamente* de "grãos" elementares, cada qual com uma energia fixa, que dependeria da frequência.[4] Os primeiros "quanta". Hoje nós os chamamos *fótons*, os quanta de luz. A constante de Planck h mede sua dimensão: cada fóton tem uma energia h vezes a frequência da luz de que faz parte.

Pressupondo que esses "grãos elementares de energia" realmente existiam, Einstein conseguiu explicar um fenômeno então não compreendido, chamado efeito fotoelétrico,[5] e prever suas características antes que fossem medidas.

Einstein foi o primeiro, já em 1905, a se dar conta de que os problemas suscitados por esses fenômenos eram tão sérios que exigiam uma revisão de toda a mecânica. Isso faz dele o pai espiritual da teoria dos quanta. Sua ideia de que a luz é uma onda, mas também uma nuvem de fótons, é confusa, mas foi a ideia que inspirou De Broglie a pensar que *todas* as partículas elementares são ondas, e depois levou Schrödinger a introduzir a onda ψ. Einstein foi, portanto, o inspirador da mecânica quântica por vários caminhos: Born aprendeu dele que a mecânica devia ser inteiramente revista; Heisenberg inspirou-se nele ao concentrar a atenção apenas nas quantidades mensuráveis; Schrödinger partiu da ideia de De Broglie inspirada pelos fótons de Einstein. E não só isso: Einstein também foi o primeiro a estudar fenômenos atômicos usando a probabilidade, e desse modo mostrou a Born o caminho para compreender que o significado da onda ψ

é uma probabilidade. A construção da teoria dos quanta foi um trabalho de equipe.

A constante de Planck reapareceu em 1913 nas regras de Bohr.[6] Aqui também temos a mesma lógica: as órbitas do elétron no átomo podem ter apenas certas energias, como se a energia estivesse em pacotes, granular. Quando um elétron pula de uma órbita de Bohr para outra, libera um pacote de energia que se torna um quantum de luz.

E a constante se fez presente depois, ainda em 1922, num experimento concebido por Otto Stern e realizado em Frankfurt por Walther Gerlach, que mostrou que a velocidade de rotação dos átomos também não é contínua, mas assume apenas certos valores *discretos*.

Esses fenômenos — fótons, efeito fotoelétrico, distribuição da energia entre as ondas eletromagnéticas, órbitas de Bohr, a medida de Stern e Gerlach... — são todos regulados pela constante de Planck $\hbar$.

Em 1925, quando finalmente surgiu, a teoria de Heisenberg e colegas permitiu explicar de uma só vez *todos* esses fenômenos: prevê-los e calcular suas características. Permitiu derivar a fórmula de Planck para a distribuição do calor entre as frequências num forno quente, a existência dos fótons, o efeito fotoelétrico, os resultados da medida de Stern e Gerlach e todos os outros estranhos fenômenos "quânticos".

O nome da teoria quântica vem justamente de "quanta", ou seja, "grãos". Os fenômenos quânticos revelam um aspecto granular do mundo, em pequeníssima escala. A granularidade não diz respeito apenas à energia: é extremamente geral. Em meu campo de estudo, a gravidade quântica, ela mostra que o espaço físico em que vivemos é granular em pequeníssima escala. Também neste caso, a constante de Planck determina a escala (pequeníssima) dos "quanta elementares de espaço".

A *granularidade* é o terceiro ingrediente conceitual decisivo da teoria dos quanta, ao lado da *probabilidade* e das *observações*. Linhas e colunas das matrizes de Heisenberg correspondem diretamente a cada um dos valores *granulares* ou, como se diz, *discretos*, que a energia assume.

Estamos nos aproximando da conclusão da primeira parte do livro, que relata o nascimento da teoria e a confusão que gerou. Na segunda parte, descrevo os caminhos para sair da confusão. Antes de concluir esta parte, porém, gostaria de dizer algumas coisas sobre a única equação que, como mencionei, a teoria dos quanta acrescenta à física clássica.

É uma equação engraçada. Diz que multiplicar a posição pela velocidade é diferente de multiplicar a velocidade pela posição. Se posição e velocidade fossem números, não haveria diferença, porque 7 vezes 9 é o mesmo que 9 vezes 7. Mas posição e velocidade são agora *tabelas* de números, e quando se multiplicam duas tabelas, a ordem é importante. A nova equação nos dá a diferença entre multiplicar duas quantidades numa ordem ou na ordem inversa.

É compacta, muito simples. Incompreensível.

Não tentem decifrá-la: cientistas e filósofos ainda quebram a cabeça para fazê-lo. Mais adiante voltarei a discutir um pouco o conteúdo desta equação. Mas quero deixá-la registrada aqui, porque é o coração da teoria dos quanta, e não podemos concluir a apresentação da teoria sem ela. Ei-la:

$$XP - PX = i\hbar$$

É só isso. A letra X indica a posição de uma partícula, a letra P indica sua velocidade multiplicada por sua massa (em jargão técnico se chama "impulso"). A letra i é o símbolo matemático para a raiz quadrada de -1 e, como vimos, $\hbar$ é a constante de Planck dividida por 2π.

Em certo sentido, Heisenberg e seus amigos acrescentaram à física *apenas* essa simples equação: o resto decorre dela. Decorrem daí os computadores quânticos e a bomba atômica.

O preço dessa extrema simplicidade na forma é a extrema obscuridade no significado. A teoria dos quanta prevê granularidade, saltos, fótons e todo o resto, com base numa única equação de oito caracteres acrescentada à física clássica. Uma equação que diz que multiplicar posição por velocidade é diferente de multiplicar velocidade por posição. A obscuridade é total. Talvez não por acaso Murnau tenha filmado cenas de *Nosferatu* em Helgoland.

Em 1927, Niels Bohr realizou uma conferência na Itália, no lago de Como, na qual resumiu tudo o que se entendeu (ou não se entendeu) da nova teoria dos quanta e explicou como usá-la.[7] Em 1930, Dirac escreveu um livro em que esclareceu esplendidamente a estrutura formal da nova teoria.[8] Continua a ser o melhor livro para aprendê-la. Dois anos mais tarde, o maior matemático da época, John von Neumann, elaborou as equações formais num magnífico texto de física matemática.[9]

A construção da teoria recebeu uma enxurrada de prêmios Nobel sem igual na história. Einstein ganhou o Nobel em 1921, por ter esclarecido o efeito fotoelétrico introduzindo os quanta de luz. Bohr em 1922, pelas regras sobre a estrutura do átomo. De Broglie em 1929, pela ideia das ondas de matéria. Heisenberg em 1932, "pela criação da mecânica quântica". Schrödinger e

Dirac em 1933, por "novas descobertas" na teoria atômica. Pauli em 1945, pelas contribuições técnicas à teoria. Born em 1954, por ter compreendido o papel da probabilidade (fez bem mais que isso). O único que ficou de fora foi Pascual Jordan, embora Einstein tivesse (corretamente) apresentado Heisenberg, Born e ele como os verdadeiros autores da teoria. Mas Jordan demonstrara demasiada lealdade à Alemanha nazista, e os homens não reconhecem méritos aos vencidos.[10]

Apesar de todos esses reconhecimentos, do imenso sucesso, da tecnologia que nasceu daí, a teoria continua a ser um poço de escuridão. Niels Bohr escreveu: "Não existe um mundo quântico. Há apenas uma abstrata descrição quântica. É errado pensar que a tarefa da física é descrever como a natureza é. A física se ocupa apenas do que podemos dizer da natureza".

Fiel à intuição originária de Werner Heisenberg em Helgoland, a teoria não nos diz onde determinada partícula de matéria se encontra quando *não* olhamos para ela. Ela só nos diz qual é a probabilidade de encontrá-la num ponto *se a observamos*.

Mas uma partícula de matéria sabe se a observamos ou não? A mais eficaz e poderosa teoria científica jamais produzida pela humanidade é um mistério.

Segunda Parte

II

Um curioso bestiário de ideias extremas.

Onde se ilustram estranhos fenômenos quânticos e se conta como diversos cientistas e filósofos tentam compreendê-los, cada um à sua maneira.

Sobreposições

Hesitei muito em escolher o rumo dos meus estudos. Optei pela física no último instante: no momento de me inscrever na universidade (não havia inscrições on-line). Em Bolonha havia filas de comprimento diferente para as diversas faculdades, e o fato de a fila de física ser a mais curta me ajudou a decidir.

O que me atraía na física era a suspeita de que, por trás do tédio mortal da física do ensino médio, por trás da estupidez dos exercícios com molas, alavancas e bolinhas rolantes, se escondia uma genuína curiosidade de compreender a natureza da realidade. Uma curiosidade que combinava com minha irrequieta curiosidade de adolescente que queria experimentar tudo, ler, saber, ver, conhecer tudo: todos os lugares, todos os ambientes, todas as garotas, todos os livros, todas as músicas, todas as experiências, todas as ideias...

A adolescência é o período em que as redes de neurônios do cérebro se rearranjam de repente. Tudo parece intenso, tudo atrai, tudo desorienta. Saí dessa fase tomado pela confusão, sedento de perguntas. Eu queria entender a natureza das coisas. Queria entender como nosso pensamento consegue compreender essa natureza. O que é a realidade? O que é o pensamento? O que sou eu que penso?

Foram essas curiosidades extremas e candentes de adolescente que me impeliram a investigar quais luzes poderia oferecer a ciência, o Grande Saber Novo da nossa época. Não que eu esperasse encontrar respostas, muito menos respostas definitivas... mas como ignorar o que a humanidade tinha compreendido nos últimos dois séculos sobre a estrutura sutil das coisas?

O estudo da física clássica me divertiu um pouco, mas também me deixou meio entediado. Ela era elegante por sua concisão. Mais sensata e coerente que as formulazinhas sem sentido que me obrigavam a engolir no ensino médio. O estudo das descobertas de Einstein sobre o espaço e o tempo me encheu de admiração, de alegria e fez meu coração acelerar.

Mas foi o encontro com os quanta que acendeu luzes coloridas em meu cérebro. Tocar a matéria incandescente da realidade, onde a realidade põe em questão nossos preconceitos em relação a ela...

Meu encontro com a teoria dos quanta foi direto. Face a face com o livro de Dirac. Foi assim: fiz o curso de matemática do professor Fano, em Bolonha, intitulado "Métodos matemáticos para a física"; "métodos" para nós. O curso previa uma dissertação sobre um tema que cada aluno devia aprofundar e apresentar para a classe. Escolhi um pequeno capítulo de matemática que agora é estudado nos cursos superiores de física, mas na época não estava nos currículos: a "teoria dos grupos". Fui falar com o professor Fano para lhe perguntar o que devia incluir em meu trabalho. Ele me respondeu: "As bases da teoria dos grupos *e sua aplicação à teoria dos quanta*". Com todo o cuidado, argumentei que ainda não tinha feito nenhum curso sobre a teoria dos quanta... não sabia nada de nada. E ele: "E daí? Estude!".

Ele estava brincando.

Mas não me dei conta.

Comprei o livro de Dirac, na edição cinza da Boringhieri. Tinha um cheiro bom (sempre cheiro os livros antes de comprá-los: o cheiro do livro é decisivo). Fui para casa e lá fiquei durante um mês, estudando. Comprei também outros quatro livros,[1] que incluí em minhas leituras.

Aquele foi um dos melhores meses da minha vida.

Dali nasceu uma infinidade de perguntas que me acompanharam a vida inteira. E que depois de muitos anos, muitas leituras, muitas discussões e muitas incertezas, me levaram a escrever *estas* linhas.

Neste capítulo enveredo pela estranheza do mundo dos quanta. Descrevo um fenômeno concreto que capta sua extravagância: um fenômeno que tive a oportunidade de observar pessoalmente. É sutil, mas resume o ponto-chave. Depois exponho algumas das ideias mais discutidas hoje para tentar dar um sentido compreensível a essa estranheza.

Deixo para o capítulo seguinte a ideia que a meu ver é a mais convincente. Se o leitor quiser chegar a ela mais rápido, pode pular os divertidos, mas confusos, volteios do restante deste capítulo e passar diretamente ao próximo.

Então, o que há de estranho nos fenômenos quânticos? O fato de os elétrons estarem em certas órbitas e pularem não é o fim do mundo...

O fenômeno do qual derivam as estranhezas dos quanta se chama "sobreposição quântica". Há uma "sobreposição quântica" quando, em certo sentido, duas propriedades contraditórias estão presentes simultaneamente. Por exemplo, um objeto pode estar aqui e também estar lá. É a ideia de Heisenberg quando diz que "o elétron já não tem uma trajetória": o elétron acaba não estando nem em um lugar nem em outro. Em certo sentido, está nos dois lugares. Não tem uma única posição. É como se tivesse várias posições ao mesmo tempo. No jargão técnico, diz-se que um objeto pode estar em uma "sobreposição" de várias posições. Dirac deu a essa esquisitice o nome de "princípio da sobreposição", considerando-o a base conceitual da teoria dos quanta.

O que significa que um objeto está em dois lugares?

Cuidado: não significa que *vemos* diretamente uma sobreposição quântica. Nunca vemos um elétron em dois lugares. A "sobreposição quântica" não é algo que se vê diretamente. É algo que produz efeitos observáveis, indiretamente. O que vemos são *consequências* sutis do fato de uma partícula estar, em certo sentido, em vários lugares ao mesmo tempo. Essas consequências são chamadas de "interferência quântica". O que observamos é a interferência, não a sobreposição. Vejamos em que consiste.

A primeira vez que observei com meus próprios olhos a interferência quântica foi muito tempo depois de tê-la estudado nos livros. Eu estava em Innsbruck, no laboratório de Anton Zeilinger, um austríaco muito simpático de barba longa e aparência de um urso bonzinho. Zeilinger é um dos excelentes físicos experimentais que fazem maravilhas com os quanta: foi pioneiro da informática quântica, da criptografia quântica e do teletransporte quântico. Vou lhes dizer o que vi: resume o motivo pelo qual os físicos estão confusos.

Anton me mostrou uma mesa com instrumentos de óptica: um pequeno laser, lentes, prismas que separam o raio laser e depois o recompõem, detectores de fótons etc. Um fino raio laser constituído de poucos fótons era separado em duas partes, que seguiam dois percursos diferentes, suponhamos um à "direita" e um à "esquerda". Em seguida, os dois percursos se reuniam e depois eram novamente separados para acabar em dois detectores: suponhamos um "para cima" e um "para baixo".

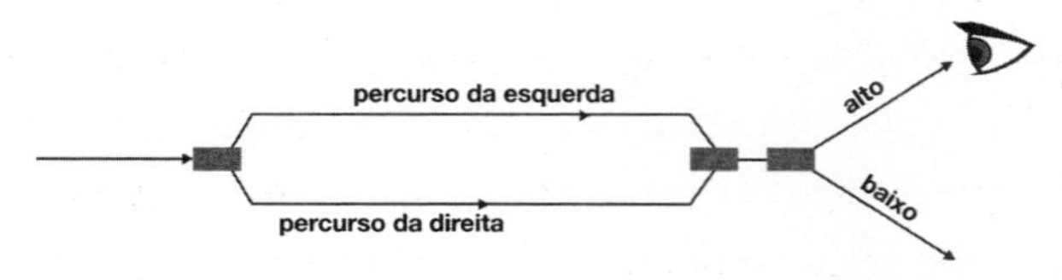

Um feixe de fótons separado em duas partes por um prisma, recomposto, e novamente separado.

Eu vi o seguinte: deixando livres ambos os percursos (da direita e da esquerda), os fótons acabam *todos* no detector de baixo: *nenhum* vai para cima (primeira imagem do desenho a seguir). Mas, ao interromper qualquer um dos dois percursos com a mão, metade dos fótons continua na parte de baixo, metade continua na de cima (segunda imagem do desenho a seguir). Tentem imaginar como isso pode acontecer.

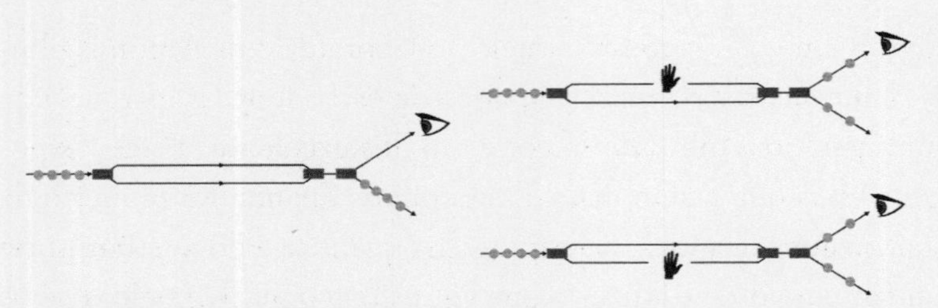

Interferência quântica. Se ambos os percursos estão livres, todos os fótons vão para baixo (primeira imagem). Mas se bloqueio um dos percursos com a mão, metade dos fótons vai para cima (segunda imagem). Como, ao interromper um dos percursos, minha mão leva os fótons que passam pelo outro percurso a ir para cima? Ninguém sabe.

Há algo estranho: metade dos fótons que seguem *cada* percurso chega na parte de cima (segunda imagem). Pareceria óbvio esperar, portanto, que metade dos fótons que passam por *ambos* os percursos também fizesse o mesmo. Mas não é o que acontece: eles *nunca* chegam na parte de cima (primeira imagem).

Como a minha mão que bloqueia um percurso diz aos fótons *que passam pelo outro percurso* para ir para cima?

O desaparecimento dos fótons na parte de cima quando *ambos* os percursos estão livres é um exemplo de "interferência quântica". É uma "interferência" entre os dois percursos: o da direita e o da esquerda. Quando ambos estão abertos, acontece algo que não acontece nem para os fótons que passam por um percurso nem para os que passam pelo outro: os fótons que vão para cima desaparecem.

A teoria de Schrödinger diz que a onda ψ de cada fóton se separa em duas partes: duas ondinhas. Uma ondinha segue o percurso da direita, a outra vai pelo da esquerda. Quando as ondinhas se encontram de novo, a onda ψ se recompõe e toma o percurso para baixo. No entanto, se bloqueio um dos percursos com a mão, a onda ψ não se recompõe como antes e, portanto, se comporta de maneira diferente: volta a se dividir em duas, e uma parte vai para cima.

O fato de as *ondas* se comportarem desse modo não é estranho: a interferência das ondas é um fenômeno conhecido. As ondas luminosas e as ondas do mar fazem essas coisas. Mas aqui nunca observamos uma onda dividida em duas partes, vemos sempre apenas fótons individuais, *cada um dos quais passa por uma única parte*: ou à direita ou à esquerda. Se colocamos dois detectores de fótons ao longo dos percursos, de fato, eles nunca detectam "meio fóton": mostram-nos que cada fóton passa (inteiramente) à direita ou então (inteiramente) à esquerda. Cada fóton se comporta como se passasse por ambos os percursos, como fazem as ondas (de outro modo, não haveria interferência), mas se olhamos onde está, o vemos sempre num único percurso.

Essa é a "sobreposição quântica", da qual vemos as consequências: o fóton passa "tanto à direita como à esquerda". Está numa sobreposição quântica de duas configurações: a da direita e a da esquerda. A consequência é que os fótons já não vão para cima, como iriam se tivessem passado por um ou por outro dos dois percursos.

Mas não é só isso. Há mais. E é realmente impressionante: se *meço* por qual dos dois percursos o fóton passa... a interferência desaparece!

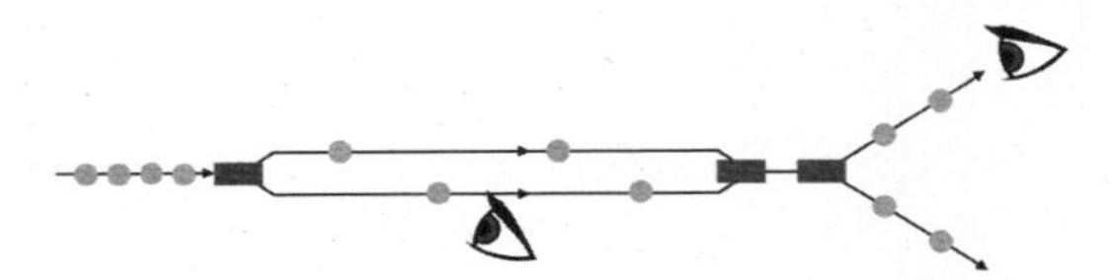

Basta medir por qual percurso os fótons passam para a interferência desaparecer! Se meço onde passam, novamente metade dos fótons vai para cima.

Parece que basta *observar* para mudar o que acontece! Atentem para o absurdo: se *não* olho por onde o fóton passa, ele sempre acaba indo para baixo, mas se olho por onde passa, ele pode ir para cima.

O espantoso é que um fóton pode ir para cima *mesmo que eu não o tenha visto*. Ou seja, o fóton muda de caminho pelo simples fato de que "eu estava à espreita", na parte por onde ele não passou. Ainda que eu não o tenha visto!

Nos livros didáticos de mecânica quântica lemos que, se *observo* por onde o fóton passa, a sua onda ψ pula inteiramente para um percurso. Se vejo o fóton à direita, a onda ψ pula totalmente para a direita. Se observo e *não* vejo o fóton à direita, a onda ψ pula toda para a esquerda. Em ambos os casos, já não há interferência. No jargão técnico, dizemos que a função de onda "colapsa", ou seja, pula totalmente para um ponto, no momento da observação.

Esta é a "sobreposição quântica": o fóton está "em ambos os percursos". Se olho para ele, pula para um único percurso e a interferência desaparece.

É incrível.

Mas é o que acontece: vi com meus próprios olhos. Embora tivesse estudado muito sobre isso na universidade, ver e colocar as mãos diretamente nesse experimento realizado no laboratório me deixou confuso. Experimente encontrar uma explicação sensata para esse comportamento, caro leitor... Há um século estamos todos tentando fazê-lo. Se tudo isso o deixa confuso e você não está entendendo nada, não é o único. Por isso Feynman dizia que ninguém entende os quanta. Se, ao contrário, tudo parece claro, isso significa que não fui claro. Niels Bohr dizia: "Nunca se expressem mais claramente do que são capazes de pensar".[2]

Erwin Schrödinger ilustrou esse quebra-cabeça com um apólogo famosíssimo:[3] em vez de um fóton que toma o percurso da direita e ao mesmo tempo o da esquerda, Schrödinger imagina um gato que está acordado e ao mesmo tempo dormindo.

A história é a seguinte: um gato está fechado numa caixa com um dispositivo onde um fenômeno quântico tem 50% de probabilidade de acontecer. Se acontece, o dispositivo abre uma bolsa de sonífero que faz o gato adormecer. A teoria diz que a onda ψ do gato está numa "sobreposição quântica" de gato-acordado e gato-dormindo, e permanece assim enquanto não observamos o gato.*

O gato está, portanto, numa "sobreposição quântica" de gato-acordado e gato-dormindo.

Isso não é o mesmo que dizer que *não sabemos* se o gato está acordado ou dormindo. A diferença é que há efeitos de interferência entre gato-acordado e gato-dormindo (como os efeitos de interferência entre os dois percursos dos fótons de Zeilinger) que não aconteceriam nem se o gato estivesse desperto nem se estivesse dormindo. Eles acontecem se o gato está nessa "sobreposição quântica" de gato-acordado e gato-dormindo. Como a interferência do experimento de Zeilinger, que só ocorre se os fótons "passam por ambos os percursos".

Para um sistema grande como um gato, os efeitos de interferência previstos pela teoria são muito difíceis de observar.[4] Mas não há motivo convincente para duvidar de sua realidade. O gato não está nem acordado nem dormindo. Está nessa sobreposição quântica entre gato-acordado e gato-dormindo...

Mas o que isso significa?

* Na versão original, a bolsa continha um veneno, não um sonífero, e o gato não adormecia, mas morria. Mas não gosto de brincar com a morte de um gato.

Como se sente um gato, se está numa sobreposição quântica de gato-acordado e gato-dormindo? Se você, leitor, estivesse numa sobreposição quântica entre você-acordado e você-dormindo, como se sentiria? É este o quebra-cabeça dos quanta.

Levar ψ a sério: mundos múltiplos, variáveis ocultas e colapsos físicos

Para desencadear uma acalorada discussão durante o jantar de uma conferência de física, basta perguntar casualmente ao vizinho de mesa: "Você acha que o gato de Schrödinger está mesmo tanto acordado como dormindo?".

As discussões sobre os mistérios dos quanta foram acirradíssimas nos anos 1930, logo após o surgimento da teoria. Ficou famoso o debate entre Einstein e Bohr, que durou anos, entre encontros, conferências, escritos, cartas... Einstein resistia à ideia de renunciar a uma imagem mais realista dos fenômenos. Bohr defendia a novidade conceitual da teoria.[1]

Nos anos 1950 difundiu-se a atitude de ignorar o problema: a força da teoria era tão espetacular que os físicos se empenhavam em aplicá-la em todos os campos possíveis sem se fazer tantas perguntas. Mas sem fazer perguntas não se aprende nada.

A partir dos anos 1960, porém, o interesse pelos problemas conceituais começou a ressurgir, curiosamente incentivado também pela influência da cultura hippie, fascinada pela estranheza dos quanta.[2]

Hoje as discussões são frequentes nos departamentos de

filosofia e de física, com opiniões discordantes. Nascem ideias, esclarecem-se questões sutis. Algumas ideias são abandonadas, outras se sustentam. As ideias que resistem à crítica nos dão muitas maneiras possíveis para compreender os quanta, mas cada uma delas tem um alto custo conceitual: sempre nos obriga a aceitar alguma coisa realmente estranha. Ainda não há clareza sobre o balanço final de custos e benefícios que comportam as diversas opiniões sobre a teoria.

As ideias evoluem. Espero que cheguemos a um acordo, como aconteceu com as outras grandes disputas científicas que pareciam insolúveis: a Terra está parada ou se move? (Se move.) O calor é um fluido ou o movimento rápido das moléculas? (Movimento das moléculas.) Os átomos existem realmente? (Sim.) O mundo é apenas "energia"? (Não.) Temos antepassados em comum com os macacos? (Sim.) E assim por diante... Este livro é um capítulo do diálogo em andamento: procuro indicar o ponto em que a discussão se encontra agora, a meu ver, e para qual direção está nos levando.

Antes de chegar às ideias que considero mais convincentes, no próximo capítulo, resumo abaixo as alternativas mais discutidas. São chamadas "interpretações da mecânica quântica". De uma maneira ou de outra, todas nos pedem para aceitar ideias muito radicais: universos múltiplos, variáveis invisíveis, fenômenos jamais observados e outros bichos esquisitos. Não é culpa de ninguém: é a estranheza da teoria que nos obriga a soluções extremas. O restante deste capítulo, portanto, está repleto de especulações. Se ficarem entediados, pulem para o capítulo seguinte, onde chego ao cerne da questão: a perspectiva relacional. Mas se quiserem um panorama da discussão atual e ter uma ideia dos temas em jogo, as especulações são até divertidas. Ei-las.

MUITOS MUNDOS

A interpretação de "muitos mundos" está hoje em moda em alguns círculos de filósofos e entre alguns físicos teóricos e cosmólogos. A ideia é levar a sério a teoria de Schrödinger. Ou seja, *não* interpretar a onda ψ como probabilidade. Em vez disso, interpretá-la como uma entidade real, que descreve o mundo como efetivamente é. Em certo sentido, a ideia é ignorar o prêmio Nobel concedido a Max Born por ter compreendido que a onda ψ é *apenas* uma avaliação de probabilidade.

Se as coisas são assim, o gato de Schrödinger está realmente descrito por sua onda ψ totalmente real. Portanto, está *realmente* numa sobreposição de gato-acordado e gato-dormindo: ambos existem de forma concreta. Então, por que, se abro a caixa e olho o gato, eu o vejo acordado, ou o vejo dormindo, e não ambas as coisas?

Segurem-se. O motivo, segundo a interpretação de muitos mundos, é que também eu, Carlo, sou descrito pela minha onda ψ. Quando observo o gato, minha onda ψ interage com a onda do gato e também se divide em dois componentes: um que representa uma versão de mim que vê o gato-acordado, e uma que representa uma versão de mim que vê o gato-dormindo. De acordo com essa perspectiva, ambas são reais.

Assim, a onda ψ total tem agora dois componentes: dois "mundos". O mundo se ramificou em "dois mundos": um em que o gato está acordado e Carlo vê o gato acordado, e outro em que o gato dorme e Carlo vê o gato dormindo. Portanto, agora há dois Carlos: um para cada mundo.

Então, por que *eu* vejo — por exemplo — apenas o gato acordado? A resposta é que eu, agora, *sou apenas um dos dois Carlos*. Num mundo paralelo, igualmente real, igualmente concreto, há uma cópia de mim que vê o gato dormir. Eis por que o gato pode estar acordado e ao mesmo tempo dormindo, mas se olho para ele vejo uma única coisa: porque, se olho para ele, eu também me duplico.

Como a onda ψ de Carlo interage continuamente com inúmeros outros sistemas além do gato, consequentemente há uma infinidade de outros mundos paralelos, igualmente existentes, igualmente reais, onde existe uma infinidade de cópias de mim que experimentam todos os tipos de realidades alternativas. Esta é a teoria dos muitos mundos.

Parece loucura? E é.

Ainda assim, eminentes físicos e filósofos consideram que essa é a melhor leitura possível da teoria dos quanta.[3] A loucura não está neles: está nessa incrível teoria que funciona tão bem há um século.

Mas, para sair do nevoeiro, realmente vale a pena imaginar a existência concreta e real de infinitas cópias de nós mesmos, inobserváveis para nós, escondidas dentro de uma gigantesca onda ψ universal?

Encontro também outra dificuldade nessa ideia. A gigantesca onda universal ψ que contém todos os mundos é como a noite negra de Hegel, onde todas as vacas são pretas: não explica, por si só, a realidade fenomênica que observamos.[4] Para descrever os fenômenos que observamos são necessários outros elementos matemáticos além da onda ψ, e a interpretação de muitos mundos não os explica.

VARIÁVEIS OCULTAS

Há uma forma de evitar a multiplicação infinita de mundos e de cópias de nós mesmos. Ela é fornecida por um grupo de teorias denominadas "das variáveis ocultas". A melhor delas foi concebida por De Broglie, o idealizador das ondas de matéria, e desenvolvida por David Bohm.

David Bohm é um cientista norte-americano que teve uma vida difícil por ser comunista do lado errado da Cortina de Ferro. Investigado durante o macarthismo, foi preso em 1949 e mantido no cárcere por pouco tempo. Foi libertado, mas ainda assim a Universidade de Princeton o demitiu, por formalismo. Foi obrigado a emigrar para a América do Sul. A embaixada norte-americana confiscou seu passaporte, por medo de que fosse para a União Soviética...

Sua teoria é simples: a onda ψ de um elétron é uma entidade real, como na interpretação de muitos mundos; mas, além da onda ψ, existe *também* o elétron efetivo: uma verdadeira partícula material, que tem *sempre* uma posição definida. Isso resolve o problema de ligar a teoria com os fenômenos que observamos. Há uma única posição, como na mecânica clássica: nenhuma "sobreposição quântica", portanto. A onda ψ evolui seguindo a equação de Schrödinger, enquanto o elétron propriamente dito se move no espaço físico, guiado pela onda ψ. Bohm estudou uma equação que mostra como a onda ψ pode efetivamente guiar o elétron.[5]

A ideia é brilhante: os fenômenos de interferência são determinados pela onda ψ que guia os objetos, mas os próprios objetos não estão em sobreposição quântica. Estão sempre numa posição precisa. O gato está acordado, ou então dormindo. Mas a sua onda ψ tem os dois componentes: uma corresponde ao gato real, e a outra é uma onda "vazia" sem gato real; mas a onda vazia pode dar lugar a interferência, interferindo com a onda do gato real.

É por isso, portanto, que vejo o gato ou acordado ou dormindo e ainda assim há efeitos de interferência: o gato está num único estado, mas no outro estado há uma parte da sua onda que gera interferência.

Isso explica o experimento de Zeilinger que vimos antes. Por que, bloqueando *um* dos dois percursos, minha mão influencia o movimento do fóton que passa pelo *outro* percurso? Resposta: o fóton passa por um único percurso, mas sua onda passa pelos dois. Minha mão altera a onda, que depois guia o fóton de maneira diferente do que faria na ausência dela. Desse modo, minha mão altera o comportamento futuro do fóton, mesmo que este passe longe de minha mão. Boa explicação.

A interpretação de variáveis ocultas leva a física quântica para o âmbito da mesma lógica da física clássica: tudo é determinístico e previsível. Se conhecemos a posição do elétron e o valor da onda, podemos prever tudo.

Mas não é tão simples assim. De fato, *nunca* podemos conhecer realmente o estado da onda, porque jamais a vemos: vemos apenas o elétron.[6] O comportamento do elétron, portanto, é determinado por variáveis que para nós permanecem "ocultas" (a onda). As variáveis estão ocultas por princípio: *nunca* podemos determiná-las. Por isso a teoria é denominada das variáveis ocultas.[7]

O preço a pagar para levar a sério essa teoria é assumir a existência de toda uma realidade física inacessível para nós. E, olhando bem, seu único objetivo é nos confortar em relação ao que a teoria *não* nos diz. Vale a pena assumir a existência de um mundo inobservável, sem nenhum efeito que já não tenha sido previsto pela teoria dos quanta, com o único objetivo de evitar nosso medo da indeterminação?

Há outras dificuldades. Alguns filósofos gostam da teoria de Bohm porque ela oferece um quadro conceitual nítido. Mas os físicos não gostam muito dela porque, assim que se tenta aplicá-la a algo mais complicado que uma única partícula, surge uma série de problemas. A onda ψ de várias partículas, por exemplo, não é o conjunto das ondas de cada partícula: é uma onda que não se move no espaço físico, mas num abstrato espaço matemático.[8] A imagem intuitiva e nítida da realidade que a teoria de Bohm nos oferece no caso de uma partícula única se perde.

Mas os problemas realmente sérios surgem assim que se leva em conta a relatividade. As variáveis ocultas da teoria violam brutalmente a relatividade: determinam um sistema de referência privilegiado. Assim, o preço para pensar que o mundo é feito de variáveis sempre determinadas como na física clássica não é apenas aceitar que essas variáveis estão ocultas para sempre, mas também que contradizem tudo o que aprendemos sobre o mundo, precisamente com a própria física clássica. Vale a pena?

COLAPSO FÍSICO

Há uma terceira forma de considerar real a onda ψ, evitando tanto a interpretação de muitos mundos quanto a de variáveis ocultas: pensar que as previsões da mecânica quântica são *aproximações*, que negligenciam alguma coisa capaz de tornar tudo mais coerente.

Poderia existir um processo físico real, independente das nossas observações, que ocorre *espontaneamente*, de tempos em tempos, e evita que a onda se espalhe. Esse mecanismo hipotético, por enquanto jamais observado, é chamado o "colapso físico" da função de onda. O "colapso da função de onda", portanto, não ocorreria porque observamos, mas sim de maneira espontânea, e tão mais depressa quanto mais macroscópicos são os objetos.

No caso do gato, a onda ψ rapidamente pularia sozinha para uma das duas configurações, e o gato rapidamente estaria ou acordado ou dormindo. Em outras palavras, a hipótese é que a mecânica quântica comum não vale para coisas macroscópicas como os gatos.[9] Assim, esse tipo de teoria oferece previsões que se distanciam das fornecidas pela teoria dos quanta habitual.

Diversos laboratórios do mundo tentaram e continuam tentando verificar essas previsões para ver quem tem razão. Por enquanto, a teoria dos quanta sempre está certa. A maioria dos físicos, incluindo este humilde amigo que vos escreve, apostaria que a teoria dos quanta continuará a estar certa por um bom tempo...

Aceitar a indeterminação

As interpretações da mecânica quântica discutidas até aqui procuram evitar a indeterminação,[1] tomando a onda ψ como objeto real. O preço é acrescentar à realidade coisas como mundos múltiplos, variáveis inacessíveis ou processos jamais observados.

Mas não há motivo para levar a onda ψ tão a sério.

Ela não é uma entidade real: é um instrumento de cálculo. É como as previsões do tempo, o orçamento de uma empresa, os prognósticos de corridas de cavalo.[2] Os eventos reais do mundo acontecem de maneira probabilística, e a quantidade ψ é nossa maneira de calcular a probabilidade de que ocorram.

Interpretações da teoria que não levam a onda ψ tão a sério são chamadas "epistêmicas", porque a interpretam apenas como um resumo do nosso conhecimento (ἐπιστήμη) daquilo que acontece.

Um exemplo dessa maneira de pensar é o "qbismo". O qbismo assume a teoria dos quanta como ela é, sem tentar "completar" o mundo.

O nome qbismo deriva dos "qubit", que são as unidades de informação usadas pelos computadores quânticos.

A ideia é que a onda ψ é apenas a informação que *nós* temos do mundo. Que a física não descreve o mundo. Descreve o que *nós* sabemos do mundo, a informação que temos do mundo.

A informação aumenta quando fazemos uma observação. Por isso, a onda ψ muda quando observamos: não porque alguma coisa acontece no mundo externo, mas apenas porque muda a informação que temos dele. Nossas previsões do tempo mudam se olhamos um barômetro: não porque o céu muda bruscamente no momento em que olhamos o barômetro, mas porque de repente aprendemos algo que antes não sabíamos.

O nome "qbismo" brinca com a consonância com o cubismo de Braque e Picasso, que se formou na Europa nos mesmos anos em que amadureceu a teoria dos quanta. Tanto o cubismo como a teoria dos quanta se afastam da ideia de que o mundo pode ser representado de maneira figurativa. Os quadros cubistas não raro sobrepõem imagens inconciliáveis de um objeto ou de uma pessoa, tomados de pontos de vista diferentes. De maneira análoga, a teoria dos quanta reconhece que medidas diversas de certa propriedade de um mesmo objeto físico podem não ser conciliáveis (daqui a pouco voltarei a esta ideia com mais detalhes).

Nas primeiras décadas do século XX, toda a cultura europeia deixou de pensar que podia representar o mundo de modo simples e completo. Na Itália, entre 1909 e 1925, anos em que nasceu a teoria dos quanta, Pirandello escreveu *Um, nenhum e cem mil*, que fala da fragmentação da realidade do ponto de vista de diversos observadores.

O qbismo renuncia a uma imagem realista do mundo, para além do que vemos ou mensuramos. A teoria fala apenas do que um agente vê. Não é lícito dizer nada do gato ou do fóton quando não olhamos para eles.

O ponto fraco do qbismo é sua concepção instrumental da ciência. O objetivo da ciência não é fazer previsões. É também oferecer uma imagem da realidade, um quadro conceitual para pensar as coisas. Essa ambição tornou o pensamento científico eficaz. Se o objetivo da ciência fossem apenas as previsões, Copérnico não teria descoberto nada em relação a Ptolomeu: suas previsões astronômicas não eram melhores que as de Ptolomeu. Mas Copérnico encontrou uma chave para repensar tudo e compreender melhor.

Há outro ponto, e é a pedra angular de toda a discussão: o qbismo ancora a realidade a um sujeito do conhecimento, um "eu" que conhece, que parece estar fora da natureza. Em vez de ver o observador como parte do mundo, vê o mundo refletido no observador. Abandona um materialismo ingênuo, mas acaba caindo num idealismo exagerado.[3] O ponto crucial é que o próprio observador pode ser observado. Não temos motivo para duvidar que todo observador real também é descrito pela teoria dos quanta.

Se observo um observador, posso ver coisas que ele não vê. Fazendo uma sensata analogia, deduzo daí que há coisas que também eu, como observador, não vejo. Existem, portanto, mais coisas do que posso observar. O mundo existe mesmo que eu não o observe. Quero uma teoria física que explique a estrutura do universo, esclareça o que é um observador dentro de um universo, não uma teoria que faça o universo depender de mim, que o observo.

No final, portanto, todas as interpretações da teoria dos quanta esboçadas neste capítulo apenas repropõem o debate entre Schrödinger e Heisenberg: entre uma "mecânica das ondas", que faz de tudo para evitar a indeterminação e a probabilidade no mundo, e o radical salto da "física dos garotos", que parece depender demasiadamente da existência de um sujeito que "observa". Este capítulo nos guiou por uma série de ideias curiosas, mas não nos fez dar um verdadeiro passo à frente.

Quem é o sujeito que conhece e detém a informação? Que informação ele tem? O que observa? Essa observação foge às leis da natureza ou também pode ser descrita pelas leis naturais? Está fora da natureza ou é uma parte do mundo natural? Se é parte da natureza, por que tratá-la de maneira especial?

Esta pergunta, a enésima reformulação da pergunta levantada por Heisenberg – O que caracteriza uma observação? O que é um observador? –, leva-nos, finalmente, às relações.

III

Pode alguma coisa ser real em relação a você, mas não em relação a mim?

Onde finalmente se fala de relações.

Houve uma época em que o mundo parecia simples

Na época em que Dante escrevia, pensávamos o mundo na Europa como o espelho embaçado de uma grande hierarquia celeste: um grande Deus e suas esferas de anjos levam os planetas em sua corrida através do céu e participam com entusiasmo e amor de nossa vida, da vida desta frágil humanidade, que no centro do cosmos oscila entre adoração, rebelião e arrependimento.

Depois mudamos de ideia. Nos séculos subsequentes, compreendemos aspectos da realidade, descobrimos gramáticas ocultas, encontramos estratégias para nossos objetivos. O pensamento científico construiu um complexo edifício de saberes. A física foi a força motriz e unificadora, oferecendo uma imagem nítida da realidade: um vasto espaço onde correm partículas, impelidas e atraídas por forças. Faraday e Maxwell acrescentaram o "campo" eletromagnético, entidade difundida no espaço através da qual corpos distantes exercem forças um sobre o outro. Einstein completou o quadro, mostrando que também a gravidade é levada por um "campo": um campo que é a própria geometria do espaço e do tempo. A síntese é clara e encantadora.

A realidade é uma estratificação exuberante: montanhas nevadas e florestas, o olhar dos amigos, o estrondo do metrô nas sujas manhãs de inverno, nossa sede irrequieta, o deslizar dos dedos na tela do celular, o gosto do pão, o sofrimento do mundo, o céu noturno, a imensidão das estrelas, Vênus brilhando solitária no céu azul ultramarino do crepúsculo... Pensávamos ter encontrado a trama de fundo desse pulular caleidoscópico, a ordem oculta atrás do véu desordenado das aparências. Era o tempo em que o mundo parecia simples.

Mas, para nós, minúsculas criaturas mortais, as grandes esperanças não passam de breves sonhos. A clareza conceitual da física clássica foi varrida pelos quanta. A realidade *não é* como a descreve a física clássica.

Foi um despertar brusco do sonho feliz em que nos tinham embalado as ilusões do sucesso de Newton. Mas é um despertar que nos leva ao coração pulsante do pensamento científico, que não é feito de certezas adquiridas: é um pensamento em movimento contínuo, cuja força é precisamente a capacidade de recolocar sempre em discussão todas as coisas e começar de novo, de não ter medo de subverter uma ordem do mundo para buscar uma mais eficaz, e depois voltar a colocar tudo em discussão, subverter tudo de novo.

Não ter medo de repensar o mundo é a força da ciência: desde que Anaximandro eliminou as colunas na qual a Terra se apoiava, Copérnico a pôs a girar no céu, Einstein dissolveu a rigidez da geometria do espaço e do tempo, e Darwin desmascarou a ilusão da alteridade dos humanos... A realidade se redesenha continuamente em formas cada vez mais eficazes. A coragem de reinventar profundamente o mundo: esse é o fascínio sutil da ciência que capturou as rebeliões da minha adolescência...

Relações

Num laboratório de física, onde se estuda um pequeno objeto como um átomo ou um fóton nos lasers de Zeilinger, é claro que há *o observador*: é o cientista, que prepara, observa e mede o objeto quântico estudado usando seus instrumentos de medida, que revelam a luz emitida pelo átomo, ou o lugar ao qual chegam os fótons.

Mas o vasto mundo não é feito de cientistas em laboratório ou de instrumentos de medida. O que é uma observação onde não há nenhum cientista que mede? O que nos diz a teoria dos quanta, onde não há ninguém que observa? O que nos diz a teoria dos quanta sobre o que acontece em outra galáxia?

A chave da resposta, acredito, e a pedra angular das ideias deste livro, é a simples constatação de que o cientista e os seus instrumentos de medida também são parte da natureza. O que a teoria dos quanta descreve é a maneira como uma parte da natureza se manifesta para outra parte da natureza.

O núcleo da interpretação "relacional" da teoria dos quanta, que ilustro aqui, é a ideia de que a teoria não descreve a maneira como os objetos quânticos se manifestam *para nós* (ou para entidades especiais que "observam"). Ela descreve como qualquer objeto físico se manifesta para qualquer outro objeto físico. Como qualquer objeto físico atua sobre qualquer outro objeto físico.

Pensamos o mundo em termos de objetos, coisas, entidades (no jargão científico os chamamos "sistemas físicos"): um fóton, um gato, uma pedra, um relógio, uma árvore, um rapaz, uma cidade, um arco-íris, um planeta, um aglomerado de galáxias... Nenhum desses objetos se encontra numa desdenhosa solidão. Ao contrário, eles nada fazem além de agir um sobre o outro. É para essas interações que temos de olhar se quisermos compreender a natureza, não para os objetos isolados. Um gato ouve o tique-taque do relógio; um garoto lança uma pedra; a pedra desloca o ar onde voa, atinge outra pedra e a movimenta, pressiona o solo onde cai; uma árvore absorve energia dos raios de sol, produz o oxigênio que os habitantes da cidade respiram enquanto observam as estrelas, e as estrelas correm na galáxia arrastadas pela gravidade de outras estrelas... O mundo que observamos é um contínuo *interagir*. É uma densa rede de interações.

Os objetos caracterizam-se pela maneira como interagem. Se existisse um objeto que não tivesse interações, não influenciasse nada, não atuasse sobre nada, não emitisse luz, não atraísse, não impelisse, não se fizesse tocar, não perfumasse... seria como se não existisse. Falar de objetos que não interagem nunca é falar de coisas que — mesmo se existissem — não nos dizem respeito. Nem sequer seria possível entender bem o que significaria dizer que tais coisas "existem". O mundo que conhecemos, que nos diz respeito, que nos interessa, o mundo que chamamos de "realidade", é a vasta rede de entidades em interação, que se manifestam uma para a outra, interagindo, e da qual fazemos parte. É dessa rede que estamos tratando.

Uma dessas entidades é um fóton observado por Zeilinger em seu laboratório. Mas outra entidade é o próprio Anton Zeilinger.

Zeilinger é uma entidade como outra qualquer, como o são o fóton, um gato ou uma estrela. Você, leitor destas linhas, é outra entidade; eu, que as estou escrevendo, numa manhã de inverno canadense, vendo o céu ainda escuro pela janela do meu escritório, e com uma gatinha amarela ronronando aninhada entre mim e o computador em que escrevo, também sou uma entidade como as outras.

Se a teoria dos quanta descreve como um fóton se manifesta para Zeilinger, e estes são dois sistemas físicos, então deve descrever também a maneira como *qualquer* objeto se manifesta para *qualquer* outro objeto. A essência do que ocorre entre um fóton e Zeilinger que o observa é a mesma do que ocorre entre dois objetos *quaisquer* quando interagem, quando se manifestam um para o outro atuando um sobre o outro.

Obviamente há sistemas físicos específicos que são "observadores" em sentido estrito: têm órgãos dos sentidos, memória, trabalham num laboratório, são macroscópicos... Mas a mecânica quântica não descreve apenas esses sistemas: descreve a gramática elementar e universal da realidade física, subjacente não apenas às observações de laboratório, mas a qualquer interação.

Se olhamos as coisas dessa maneira, não há nada de especial nas "observações" da mecânica quântica, as "observações" introduzidas por Heisenberg. Não há nada de especial nos "observadores" no sentido da teoria: qualquer interação entre dois objetos físicos vale como uma observação, e devemos ser capazes de tomar qualquer objeto como "observador", quando consideramos a manifestação de outros objetos para ele. Ou seja, quando consideramos como as propriedades de outros objetos se manifestam para ele. A teoria dos quanta descreve a manifestação das coisas umas para as outras.

Creio que a descoberta da teoria dos quanta é a de que as propriedades de cada coisa são apenas a maneira como essa coisa influencia as outras. Existem apenas na interação com as outras coisas. A teoria dos quanta é a teoria de como as coisas se influenciam, e esta é a melhor descrição da natureza de que dispomos hoje.[1]

É uma ideia simples, mas tem duas consequências radicais, que abrem o espaço conceitual necessário para compreender os quanta.

NENHUMA INTERAÇÃO, NENHUMA PROPRIEDADE

Bohr fala da "impossibilidade de separar claramente o comportamento dos sistemas atômicos da interação com o aparelho de medida que serve para definir as condições nas quais o fenômeno se manifesta".[2]

Quando ele escrevia essas linhas, nos anos 1940, as aplicações da teoria estavam confinadas a laboratórios que mediam sistemas atômicos. Quase um século mais tarde, sabemos que a teoria vale para *todos* os objetos do universo. Devemos substituir "sistemas atômicos" por "qualquer objeto", e "interação com o aparelho de medida" por "interação com qualquer coisa".

Assim revista, a observação de Bohr capta a descoberta que fundamenta a teoria: a impossibilidade de separar as propriedades de um objeto das interações nas quais essas propriedades se manifestam, e dos objetos para os quais se manifestam. As características de um objeto *são* a maneira como ele atua sobre os outros objetos. O próprio objeto é apenas um conjunto de interações sobre outros objetos. A realidade é esta rede de interações, fora da qual não se entende nem sequer do que estaríamos falando. Em vez de ver o mundo físico como um conjunto de objetos com propriedades definidas, a teoria dos quanta nos convida a ver o mundo físico como uma rede de relações cujos nós são os objetos.

Mas, nesse caso, atribuir sempre e necessariamente propriedades a uma coisa, mesmo quando ela não interage, é supérfluo e pode ser enganoso. É falar de algo que não existe: *não existem propriedades fora das interações.*[3]

Esse é o significado da intuição originária de Heisenberg: perguntar qual é a órbita do elétron enquanto ele não interage com nada é uma pergunta sem conteúdo. O elétron não segue uma órbita porque suas propriedades físicas são apenas aquelas que determinam como atua sobre alguma outra coisa, por exemplo, sobre a luz que emite. Se não está interagindo, o elétron não tem propriedades.

É um salto radical. Equivale a dizer que é necessário pensar que cada coisa é *apenas* a maneira como ela atua sobre qualquer outra coisa. Quando não interage com nada, o elétron não tem propriedades físicas. Não tem posição, não tem velocidade.

AS PROPRIEDADES SÃO APENAS RELATIVAS

A segunda consequência é ainda mais radical.

Suponha, caro leitor, que você é o gato do apólogo de Schrödinger do capítulo anterior. Você está fechado numa caixa e um mecanismo quântico (um átomo radioativo, por exemplo) tem 50% de probabilidade de desencadear a emissão de um sonífero. *Você* percebe o sonífero emitido, ou não. No primeiro caso, adormece; no segundo, continua desperto. *Para você*, o sonífero foi emitido, ou não. Não há dúvida. *Para você*, você está acordado ou está dormindo. Certamente não as duas coisas.

Eu, ao contrário, estou fora da caixa e não interajo nem com a bolsa de sonífero nem com você. Mais tarde, posso observar fenômenos de interferência entre você-acordado e você-dormindo:

fenômenos que não teriam ocorrido se eu o tivesse visto adormecido ou se o tivesse visto acordado. Nesse sentido, *para mim*, você não está nem acordado nem dormindo. Digo que está "numa sobreposição de acordado e dormindo".

Para você, o sonífero foi liberado ou não, e você está ou acordado ou dormindo. *Para mim*, você não está nem acordado nem dormindo. Para mim, "há uma sobreposição quântica entre estados diferentes". Para você, há a realidade de estar acordado ou de não estar. A perspectiva relacional permite *que ambas as coisas sejam verdadeiras*, porque cada uma se refere a interações em relação a dois observadores diferentes: você e eu.

É possível que algo seja real em relação a você e não seja real em relação a mim?

Creio que a teoria dos quanta é a descoberta de que a resposta para essa pergunta é sim. *As propriedades de um objeto que são reais em relação a um segundo objeto não o são necessariamente em relação a um terceiro.** Uma propriedade pode ser real em relação a uma pedra, e não real em relação a outra.[4]

* O problema da mecânica quântica é a contradição entre duas leis: uma descreve o que acontece em uma "medida", e a outra a evolução "unitária". A interpretação relacional é a ideia de que ambas são corretas: a primeira diz respeito aos eventos relativos aos sistemas em interação, a segunda aos eventos relativos a outros sistemas.

O mundo rarefeito e leve dos quanta

Espero não ter perdido muito de meus leitores no item anterior, delicado, mas fundamental. A síntese é que as propriedades dos objetos só existem no momento das interações e podem ser reais em relação a um objeto, mas não em relação a outro.

Não deveríamos ficar admirados com o fato de existirem propriedades definidas só em relação a alguma outra coisa. Já sabíamos disso.

A velocidade, por exemplo, é uma propriedade que um objeto tem *em relação a outro objeto*. Se você caminha no convés de uma balsa no rio, tem uma velocidade em relação à balsa, uma velocidade diferente em relação à água do rio, outra em relação à Terra, ao Sol, à galáxia, e assim por diante, sem um ponto-final. Não existe velocidade sem que se estabeleça (implícita ou explicitamente) *em relação* a quê. A velocidade é uma noção que diz respeito a dois objetos (você e a balsa, você e a Terra, você e o Sol...). É uma característica que só existe em relação a alguma outra coisa. É uma *relação* entre dois objetos.

Há inúmeros exemplos semelhantes: aceitar a ideia de que a Terra é uma esfera significa aceitar a ideia de que "alto" e "baixo" não são noções absolutas, e sim *relativas* ao lugar onde nos encontramos na Terra. A relatividade especial de Einstein é a descoberta de que a noção de simultaneidade é relativa ao estado de movimento de um observador, e assim por diante. A descoberta da teoria dos quanta é apenas um pouco mais radical: é a descoberta de que *todas* as propriedades (variáveis) de *todos* os objetos são relacionais, assim como a velocidade.

As variáveis físicas não descrevem as coisas: descrevem a maneira como as coisas se manifestam umas para as outras. Não tem sentido atribuir a elas um valor, exceto no decorrer de uma interação. Uma variável assume valor (a partícula tem uma posição, ou então uma velocidade) relativamente a alguma coisa, no decurso de uma interação com essa coisa.

O mundo é a rede dessas interações. Relações que se estabelecem quando objetos físicos interagem. Uma pedra se choca com outra pedra. A luz do sol chega à minha pele. Você, leitor, lê estas linhas.

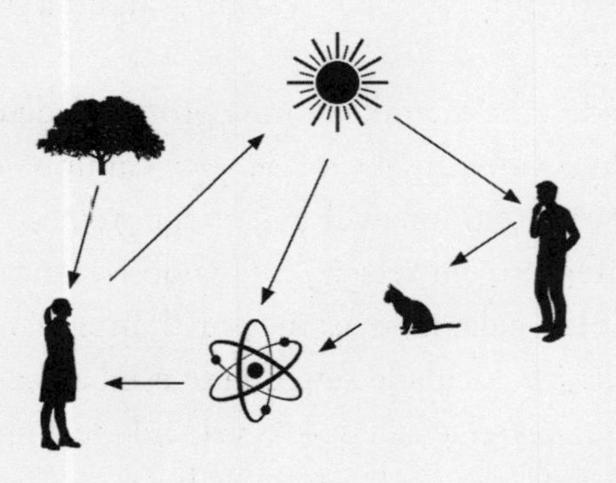

O mundo que emerge daí é um mundo rarefeito. Um mundo em que, em vez de entidades independentes com propriedades definidas, há entidades que têm propriedades e características apenas em relação a outras e apenas quando interagem. Uma pedra não tem uma posição por si só: tem posição apenas em relação a outra pedra contra a qual se choca. O céu não tem cor por si só: tem uma cor em relação ao meu olho que o vê. Uma estrela não brilha no céu como entidade independente: é um nó numa rede de interações que forma a galáxia em que habita...

O mundo dos quanta, portanto, é mais tênue que o imaginado pela velha física, é feito só de interações, acontecimentos, eventos descontínuos, sem permanência. É um mundo de trama fina, como uma renda de Burano. Cada interação é um evento, e são esses eventos leves e efêmeros que constituem a realidade, não os pesados objetos repletos de propriedades absolutas que a nossa filosofia punha como suporte desses eventos.

A vida de um elétron não é uma linha no espaço: é uma manifestação pontilhada de eventos, um aqui e outro ali, quando interage com alguma outra coisa. Eventos puntiformes, descontínuos, probabilísticos, relativos.

Em *Cosmological Koans*, um livro encantador sobre os mistérios da física, Anthony Aguirre assim descreve a conclusão e o desconcerto que tudo isso suscita:

> Quebramos as coisas em pedaços cada vez menores, mas depois, ao examinar os pedaços, vemos que eles não existem. Existem apenas as maneiras como eles estão arranjados. Então, o que são as coisas, como um barco, sua vela, ou as unhas de vocês: o que são? Se são formas de formas de formas, e as formas são ordem, e a ordem é definida por nós [...], elas existem, parece, são criadas por nós, e em relação a nós e ao universo. Elas são, diria Buda, vazias.[1]

A sólida continuidade do mundo a que estamos acostumados em nossa vida cotidiana não reflete a textura da realidade: é o resultado da nossa visão macroscópica. Uma lâmpada não emite uma luz contínua, emite uma densa série de evanescentes pequenos fótons. Em pequena escala, não existe continuidade nem fixidez no mundo real; há apenas eventos discretos, interações pouco densas e discretas.

Schrödinger lutou como um leão contra a descontinuidade quântica, contra os saltos quânticos de Bohr, contra o mundo de matrizes de Heisenberg. Queria defender a imagem da realidade contínua da visão clássica. Mas, décadas depois dos embates dos anos 1920, ele também acabou capitulando e reconheceu sua derrota. As palavras de Schrödinger que vêm após a passagem que citei acima ("Houve um momento em que os criadores da mecânica ondulatória se deixaram levar pela ilusão de terem eliminado a descontinuidade da teoria dos quanta") são límpidas e definitivas:

> [...] é melhor considerar uma partícula não como uma entidade permanente, e sim como um evento instantâneo. Às vezes esses eventos formam cadeias que criam a ilusão de ser permanentes, mas só em circunstâncias específicas e só por um período de tempo extremamente breve em cada caso isolado.[2]

Então o que é a onda ψ? É o cálculo probabilístico de onde esperamos que se realize, *em relação a nós*, o próximo evento.[3] É uma quantidade perspectiva: um objeto não tem uma única onda ψ, tem ondas diferentes para qualquer outro objeto com o qual interage. Os eventos que se realizam em relação a terceiros não influem sobre a probabilidade dos futuros eventos que se realizarão em relação a nós.* O "estado quântico" descrito pela onda ψ é sempre, portanto, apenas um estado relativo.[4]

* Essa é a intuição técnica central da interpretação relacional da teoria dos quanta. Mais precisamente: a probabilidade de eventos realizados em relação a nós é determinada pela evolução da função da onda ψ definida em relação a nós, que inclui a dinâmica de todas as interações com outros sistemas, mas não é influenciada por eventos realizados em relação a outros sistemas.

As interpretações de muitos mundos e de variáveis ocultas resumidas no capítulo anterior tentavam "preencher" o mundo de realidades adicionais além do que vemos, para recuperar a "plenitude" do mundo clássico, para exorcizar a indeterminação dos quanta. O preço era ter um mundo repleto de invisíveis. A perspectiva relacional, por sua vez, assume a teoria assim como ela é — afinal, é a melhor teoria que temos —, com sua descrição rarefeita do mundo, e aceita inteiramente a indeterminação,* como faz o qbismo. Diferentemente do qbismo, porém, fala do mundo inteiro, não da informação de um sujeito, como se este fosse externo à natureza.

É a gramática da nossa compreensão da realidade que devemos aceitar modificar, como quando Anaximandro compreendeu a forma da Terra mudando a gramática das noções de "em cima" e "embaixo".[5] Os objetos são descritos por variáveis que assumem valor quando interagem, e esse valor é determinado em relação aos objetos em interação, não a outros. Um objeto é *um, nenhum* e *100 mil*.

O mundo se fragmenta num jogo de pontos de vista, que não admite uma única visão global. É um mundo de perspectivas, de manifestações, não de entidades com propriedades definidas ou fatos unívocos. As propriedades não vivem sobre os objetos, são pontos entre objetos. Os objetos só são o que são em um con-

* Na interpretação de muitos mundos, todas as vezes que observo um evento, existe "um outro eu" que observa algo diferente. A teoria de Bohm pressupõe que apenas um dos dois componentes da onda ψ me contém: o outro está vazio. A interpretação relacional desvincula o que observo daquilo que outro observador poderá observar: se sou o gato, estou acordado ou dormindo, mas isso não impede fenômenos de interferência em relação a outro objeto, porque em relação a ele não há um elemento de realidade que limite essas interferências. A observação que fiz é um evento relativo a mim, não a outros.

texto, ou seja, apenas em relação a outros objetos, são nós onde se enlaçam pontos. O mundo é um jogo de perspectiva, como espelhos que existem apenas no reflexo um do outro.

A textura fina das coisas é esse estranho mundo leve, onde as variáveis são relativas, o futuro não é determinado pelo presente. Esse fantasmagórico mundo de quanta é o nosso mundo.

IV

A rede de relações que tece a realidade.

Onde se fala de como as coisas conversam entre si.

Emaranhamento

No capítulo anterior falei do núcleo da teoria dos quanta: as propriedades das coisas são relativas a outras coisas e se realizam nas interações. Aqui descrevo o fenômeno que mais manifesta essa interdependência das coisas. É um fenômeno sutil, que encanta, o fenômeno quântico que mais fez sonhar: o emaranhamento.

É o fenômeno mais estranho, o que mais nos distancia do nosso velho mundo. Como Schrödinger ressaltou, é o verdadeiro traço característico da mecânica quântica. Mas é também um fenômeno geral, que tece a própria estrutura do real. É aqui que surgem os aspectos mais vertiginosos da realidade desvelados pela teoria dos quanta.

Para designá-lo, usa-se o termo emaranhamento. Um emaranhamento é a situação em que duas coisas ou duas pessoas permanecem de alguma forma ligadas entre si, em sentido literal ou figurado. Emaranhamento, amarração, envolvimento, entrelaçamento, traição, relacionamento sentimental...

Na física dos quanta, denomina-se emaranhamento o fenômeno que faz com que dois objetos distantes um do outro, por exemplo, duas partículas que se encontraram no passado, conservem uma espécie de estranha ligação, como se pudessem continuar a conversar, como duas pessoas apaixonadas distantes que adivinham os pensamentos uma da outra. É um fenômeno bem comprovado em laboratório. Recentemente, cientistas chineses conseguiram manter num estado de emaranhamento dois fótons milhares de quilômetros distantes um do outro.[1]

Vejamos do que se trata.

Antes de tudo, dois fótons emaranhados têm características *correlatas*: ou seja, se um é vermelho, o outro também é vermelho; se um é azul, o outro também é azul. Até aqui nada de estranho. Se separo um par de luvas e envio uma para Viena e outra para Beijing, a luva que chega a Viena terá a mesma cor que a que chega a Beijing: são correlatas.

A estranheza surge se o par de fótons enviados um para Viena e outro para Beijing está numa sobreposição quântica. Por exemplo, eles podem estar numa sobreposição de uma configuração em que ambos são vermelhos, e numa em que ambos são azuis. Cada fóton pode revelar-se tanto vermelho como azul no momento da observação, mas, se um se revelar vermelho, também o outro — distante — fará o mesmo.

O que nos deixa perplexos no caso é isto: se ambos podem mostrar-se tanto vermelhos como azuis, como podem aparecer sempre da mesma cor? A teoria nos diz que, até o momento em que olhamos para eles, cada um dos dois fótons não é nem definitivamente vermelho nem definitivamente azul. A cor se determina de maneira casual apenas no momento em que olhamos. Mas, se é assim, como a cor que se determina de maneira casual em Viena pode ser igual à cor que se determina de maneira casual em Beijing? Se jogo cara ou coroa tanto em Beijing como em Viena, os dois resultados são independentes, não são correlatos: não sai cara em Viena todas as vezes que sai cara em Beijing.

Parece haver apenas duas explicações possíveis para isso. A primeira é que um sinal com a cor do fóton viaja rapidamente de um fóton para outro, ou seja, que, assim que um fóton decide se será azul ou vermelho, logo comunica isso de alguma forma ao irmão distante. A segunda possibilidade, mais sensata, é que a cor já estivesse determinada no momento da separação, como no caso das luvas, embora não o soubéssemos (Einstein esperava algo semelhante).

O problema é que nenhuma das duas explicações funciona. A primeira implica uma comunicação rápida demais de uma distância muito grande, excluída de tudo o que sabemos sobre a própria estrutura do espaço-tempo, que impede o envio de sinais demasiado rápidos. De fato, podemos mostrar que não há como usar objetos emaranhados para enviar sinais. Essas correlações, portanto, não estão vinculadas a transmissões rápidas de sinais.

Mas também a outra possibilidade — de que os fótons, como as luvas, já sabiam, antes de se afastar, se eram ambos vermelhos ou ambos azuis — está excluída. Foi excluída por agudas considerações apresentadas num belíssimo artigo escrito em 1964 pelo físico irlandês John Bell.[2] Com um raciocínio elegante, sutil e muito técnico, Bell mostrou que, se todas as propriedades correlatas dos dois fótons fossem determinadas desde o momento da separação (em vez de por acaso no momento da observação), daí se seguiriam consequências precisas (hoje chamadas de desigualdades de Bell) que, ao contrário, são claramente refutadas pelo que se observa. Assim, as correlações *não* são predeterminadas.[3]

Parece um quebra-cabeça sem solução. Como duas partículas emaranhadas fazem para decidir da mesma maneira, sem terem combinado antes e sem terem enviado mensagens uma para a outra? O que as liga?

* * *

Meu amigo Lee me contou que, quando jovem, depois de estudar o emaranhamento, ficou horas deitado na cama olhando para o teto, pensando que, em algum passado distante, cada átomo de seu corpo tinha interagido com uma infinidade de átomos do universo. Assim, cada átomo de seu corpo devia estar entrelaçado com bilhões de outros átomos espalhados pela galáxia... Ele se sentia misturado com o cosmos.

Seja como for, o emaranhamento mostra que a realidade é diferente do que pensávamos. Dois objetos têm, juntos, mais características que os dois objetos separados. Mais precisamente, há situações em que, mesmo que conheça tudo o que posso prever naquela situação sobre um objeto e sobre o outro, ainda não sei prever algo dos dois objetos juntos. Nada disso é verdadeiro no mundo clássico.

Se ψ_1 é a onda de Schrödinger de um objeto e ψ_2 é a onda de um segundo objeto, nossa intuição nos diz que, para prever tudo o que podemos observar dos dois objetos, deveria ser suficiente conhecer ψ_1 e ψ_2. Mas não é o que acontece. A onda de Schrödinger de dois objetos não é o conjunto das duas ondas. É uma onda mais complicada que contém outra informação: a informação sobre possíveis correlações quânticas que não podem ser escritas nas duas ondas ψ_1 e ψ_2.[4]

Em suma, mesmo que não saibamos tudo o que há para saber numa situação particular sobre um objeto isolado, se esse objeto interagiu com outros, não sabemos tudo dele: ignoramos suas correlações com os outros objetos do universo. A relação entre dois objetos não é algo que está contido num objeto e no outro: é mais que isso.[5]

Essa interconexão entre todos os componentes do universo é desconcertante.

Voltemos ao quebra-cabeça: como duas partículas emaranhadas fazem para se comportar da mesma maneira, sem terem combinado antes e sem se enviarem mensagens de longe?

No âmbito da perspectiva relacional, o quebra-cabeça tem solução, mas ela mostra o quanto essa perspectiva é radical.

A solução é lembrar que as propriedades existem em relação a alguma coisa. A medida da cor do fóton realizada em Beijing determina a cor *em relação a Beijing*. Mas não *em relação a Viena*. A medida da cor em Viena determina a cor *em relação a Viena*. Mas não *em relação a Beijing*. Não existe nenhum objeto físico que vê *ambas* as cores no momento em que são feitas as duas medidas. Portanto, não tem sentido se perguntar se os resultados são iguais ou não. Isso não significa nada, porque não corresponde a algo que possa ser verificado.

Só Deus pode ver em dois lugares no mesmo momento, mas Deus, se existe, não nos diz o que vê. O que Ele vê é irrelevante para a realidade. Não podemos assumir que existe o que apenas Deus vê. Não podemos assumir que as duas cores existem, porque não há nada *em relação a que* ambas são determinadas. Só existem as propriedades que existem em relação a alguma coisa: o conjunto das duas cores não existe em relação a nada.

Obviamente, podemos comparar as duas medidas, em Beijing e em Viena, mas a comparação exige uma troca de sinais: os dois laboratórios podem enviar um e-mail ou telefonar um para o outro. Mas um e-mail necessita de tempo, do mesmo modo que a voz ao telefone — nada viaja instantaneamente.

Quando o resultado da medida de Beijing chega a Viena, por e-mail ou pelas linhas telefônicas, *só então* se torna real também em relação a Viena. Mas a essa altura já não existe um misterioso sinal à distância: em relação a Viena, a concretização da cor do fóton em Beijing só ocorre quando os sinais com a informação chegam a Viena.

Em relação a Viena, o que acontece no momento da medida em Beijing? Precisamos lembrar que os aparelhos que fazem as medidas, os cientistas que as leem, os cadernos em que tomam nota, as mensagens nas quais escrevem os resultados da medida *também são objetos quânticos*. Enquanto não se comunicam com Viena, seu estado *em relação a Viena* não é determinado: em relação a Viena, são todos como o gato em sobreposição de acordado e dormindo. Estão numa sobreposição quântica de uma configuração em que mediram azul e de uma em que mediram vermelho.

Em relação a Beijing, é o contrário: os laboratórios de Viena e a mensagem que chega de Viena estão em sobreposição quântica, até o momento em que a mensagem com o resultado da medida chega a Beijing.

Para ambas, as correlações só se tornam reais quando se trocam sinais. Assim podemos compreender as correlações sem transmissão mágica de sinais nem determinação prévia do resultado.

É a solução do quebra-cabeça, mas seu preço é alto: não existe um relato unívoco de fatos; existe um relato de fatos relativos a Beijing e um de fatos relativos a Viena, e os dois *não coincidem*. Fatos relativos a um observador não são fatos em relação a outro. Aqui a relatividade da realidade brilha em todo seu esplendor.

As propriedades de um objeto são propriedades apenas em relação a outro objeto. Portanto, as propriedades de *dois* objetos são aquelas apenas em relação a um *terceiro* objeto. Dizer que dois objetos são correlatos significa enunciar algo que diz respeito a um *terceiro* objeto: a correlação se manifesta quando os dois objetos correlatos interagem *ambos* com esse terceiro objeto.

A aparente incongruência suscitada pelo que parecia ser a comunicação à distância entre dois objetos emaranhados deve-se ao esquecimento deste fato: a existência de um terceiro objeto que interaja com ambos os sistemas é necessária para revelar as correlações e lhes dar realidade. A aparente incongruência vem do esquecimento de que tudo o que se manifesta se manifesta *para alguma coisa*. Uma correlação entre dois objetos é uma propriedade dos dois objetos: como todas as propriedades, só existe em relação a um terceiro objeto.

O emaranhamento não é uma dança a dois: é uma dança a três.

A dança a três que tece as relações do mundo

Vamos imaginar uma observação de uma propriedade de um objeto. Zeilinger detecta um fóton e o vê vermelho. Um termômetro registra a temperatura de um bolo.

Uma medida é uma interação entre um objeto (o fóton, o bolo) e outro (Zeilinger, o termômetro). Ao final da interação, um objeto "obteve informação sobre outro objeto". O termômetro obteve informação sobre a temperatura do bolo que está assando.

O que significa aqui que o termômetro "tem informação" sobre a temperatura do bolo? Nada complicado: significa simplesmente que existe uma *correlação* entre o termômetro e o bolo. Ou seja, depois da medida, se o bolo está frio, o termômetro indica frio (a coluna de mercúrio está baixa); se o bolo está quente, o termômetro indica quente (a coluna de mercúrio está alta). Temperatura e termômetro passaram a ser como dois fótons: correlatos.

Isso esclarece o que acontece em toda observação. Cuidado, porém, se o bolo estava numa sobreposição quântica de temperaturas diferentes, então:

- em relação ao termômetro, o bolo manifestou uma de suas propriedades (a temperatura) no decorrer da interação;

- em relação a um terceiro sistema físico qualquer, que não participa dessa interação, nenhuma propriedade se manifestou: mas bolo e termômetro estão agora num estado emaranhado.

É o que acontece com o gato de Schrödinger. Em relação ao gato, o sonífero é ministrado ou não. Em relação a mim, que ainda não abri a caixa, a bolsa do sonífero e o gato estão num estado emaranhado: uma sobreposição quântica de sonífero-liberado/gato-dormindo e sonífero-não-liberado/gato-acordado.

O emaranhamento não é, portanto, um fenômeno raro que se realiza em situações especiais: é o que acontece regularmente numa interação, se esta é considerada em relação a sistemas físicos alheios a ela.

De uma perspectiva externa, qualquer manifestação de um objeto para outro, ou seja, qualquer revelação de uma propriedade, é o surgimento de uma correlação — em geral, é a realização de um emaranhamento — entre o objeto que se manifesta numa relação e o objeto em relação.

Em suma, o emaranhamento é apenas a perspectiva externa sobre a própria relação que tece a realidade: a manifestação de um objeto para outro, no decorrer de uma interação, em que as propriedades dos objetos se tornam atuais.

Você olha para uma borboleta e vê a cor de suas asas. O que aconteceu em relação a mim é o estabelecimento de uma correlação entre você e a borboleta: você e a borboleta estão agora num estado emaranhado. Mesmo que a borboleta se afaste de você, ainda assim vou olhar para a cor das asas dela e depois lhe perguntarei de que cor você as viu, perceberei que as respostas coincidem, embora não seja impossível que existam sutis fenômenos de interferência com a configuração em que a borboleta tinha outra cor...

Toda informação que se pode ter sobre o estado do mundo, considerada de fora, está nessas correlações. E como todas as propriedades são apenas relativas, todas as coisas do mundo só existem nessa rede de emaranhamentos.

Mas há método nessa loucura. Se eu sei que você viu as asas da borboleta e me disse que elas eram azuis, também sei que, se eu as olhar, as verei na cor azul: isso é previsto pela teoria,[1] *apesar do fato de as propriedades serem relativas*. A fragmentação dos pontos de vista e a multiplicidade de perspectivas abertas pelo fato de as propriedades serem apenas relativas são reparadas por essa coerência, que é intrínseca à gramática da teoria, e está na base da intersubjetividade que fundamenta a objetividade da nossa visão de mundo comum.

Para todos nós que nos comunicamos uns com os outros, as asas da borboleta têm sempre a mesma cor.

Informação

As palavras nunca são precisas; a indistinta nuvem de acepções que trazem consigo é sua força expressiva. Mas também pode gerar confusão. A palavra "informação" que usei anteriormente é repleta de ambiguidades, usada em contextos diferentes para indicar conceitos diferentes.

Ela costuma ser usada para designar algo que tem *significado*. Uma carta de nosso pai está "repleta de informação". Para decifrar esse tipo de informação, é necessária uma mente que compreenda o *significado* das frases da carta. Esse é um conceito "semântico" de informação, ou seja, ligado ao significado.

Mas existe também uma acepção da palavra "informação" que é mais simples e não tem nada de "semântico" ou de mental: está incluída diretamente na física, onde não se fala nem de mentes nem de significados. É o uso que fiz da palavra "informação" quando escrevi que o termômetro "tem informação" sobre a temperatura do bolo, para dizer apenas que, se o bolo está frio, o termômetro indica frio, e, se o bolo está quente, o termômetro indica quente.

Esse é um sentido simples e geral da palavra "informação", usado em física. Se deixo uma moeda cair ao chão, há dois resultados possíveis: cara ou coroa. Se deixo cair duas moedas, há *quatro* resultados possíveis: cara-cara, cara-coroa, coroa-cara e coroa-coroa. Mas se colo as duas moedas numa mesma folha de plástico transparente, ambas com o mesmo lado para cima, e as deixo cair assim, já não posso obter quatro resultados, mas apenas *dois*: cara-cara e coroa-coroa. Cara numa moeda implica que a outra também seja cara. Na linguagem da física, dizemos que os lados das duas moedas são "correlatos". Ou então que os lados das duas moedas "têm informação um sobre o outro", no sentido de que, se vejo um, este "me informa" sobre o outro.

Dizer que uma variável física "tem informação" sobre outra variável física, nesse sentido, significa simplesmente dizer que existe algum tipo de vínculo (uma história comum, uma ligação física, a cola na folha de plástico) pelo qual o valor de uma variável implica alguma coisa para o valor da outra.[1] Essa é a acepção da palavra "informação" que uso aqui.

Hesitei em falar de informação neste livro precisamente porque a palavra é ambígua: cada um tende instintivamente a ler aquilo que quer, e ninguém se entende. Mas o conceito de informação é importante para os quanta, e arrisco-me a falar dele ainda assim. Por favor, lembre-se de que aqui "informação" é usada em sentido físico, não no sentido mental nem semântico.

As propriedades de um objeto físico se realizam em relação a um segundo objeto, e, como vimos, podemos pensá-las como o estabelecimento de uma correlação entre os dois, ou então como *informação* que o segundo objeto tem sobre o primeiro.

Pode-se, portanto, pensar a física dos quanta como uma teoria sobre a informação (no sentido que acabamos de ver) que os sistemas têm um sobre o outro.

Também para a física clássica podemos nos limitar a pensar na informação que os sistemas físicos podem ter um sobre o outro. Mas há duas diferenças, que podem ser resumidas em duas leis gerais, ou "postulados", que distinguem radicalmente a física quântica da física clássica e apreendem sua novidade:[2]

I. *A quantidade de informação relevante que podemos ter sobre um objeto físico*[3] *é finita.*
II. *Interagindo com um objeto, podemos adquirir sempre nova informação relevante.*

À primeira vista, os dois postulados parecem contradizer-se. Se a informação é finita, como posso obter nova informação? A contradição é apenas aparente, porque os postulados falam de informação "relevante". A informação relevante é aquela que nos permite determinar o comportamento futuro do objeto. Quando adquirimos nova informação, parte da velha informação se torna "irrelevante": ou seja, não muda o que se pode dizer sobre o comportamento futuro do objeto.[4]

Esses dois postulados resumem a teoria dos quanta.[5] Vejamos como.

I. *A informação é finita: o princípio de Heisenberg*

Se conhecêssemos todas as variáveis físicas que descrevem uma coisa com precisão infinita, teríamos informação infinita. Mas não podemos fazer isso. O limite é determinado pela constante de Planck $\hbar$.[6] Esse é o significado físico da constante de Planck. É o limite de quão determinadas são as variáveis físicas.

Foi Heisenberg quem esclareceu esse fato crucial, em 1927, pouco depois de ter construído a teoria.[7] Ele mostrou que, se a precisão com que temos informação sobre a posição de uma coisa é ΔX, e a precisão com que temos informação sobre sua velocidade (multiplicada pela massa) é ΔP, ambas as precisões não podem ser arbitrariamente boas. O produto das precisões não pode ser menor que uma quantidade mínima: metade da constante de Planck. Em fórmula:

$$\Delta X \, \Delta P \geq \hbar/2$$

Lê-se: "delta X vezes delta P é sempre maior ou igual a agá cortado sobre dois". Esta propriedade generalíssima da realidade é chamada "princípio da incerteza de Heisenberg".

Uma consequência imediata é a granularidade. Por exemplo, a luz é feita de fótons, grânulos de luz, porque porções de energia ainda mais diminutas violariam esse princípio: o campo elétrico e o campo magnético (que para a luz são como X e P) seriam ambos demasiado determinados e violariam o primeiro postulado.

II. *A informação é inesgotável: a não comutatividade*

O princípio da incerteza não significa que não podemos medir com grande precisão a velocidade de uma partícula e *depois* medir com grande precisão a sua posição. Podemos. Mas, depois da segunda medida, a velocidade já não será a mesma: medindo a posição, *perdemos informação* sobre a velocidade, ou seja, se a medimos novamente, percebemos que ela mudou.

Isso é decorrente do segundo postulado, que diz que, mesmo quando obtemos a máxima informação sobre um objeto, ainda assim podemos aprender algo de inesperado (perdendo, contudo, informação precedente). O futuro não é determinado pelo passado: o mundo é probabilístico.

Como medir P altera X, medir primeiro X e depois P dá resultados diferentes que medir primeiro P e depois X. Portanto, é necessário que, na matemática, "primeiro X e depois P" seja diferente de "primeiro P e depois X".[8] Essa é exatamente a propriedade que caracteriza as matrizes: a ordem é importante.[9] Lembram-se da única equação nova da teoria dos quanta?

$$XP - PX = i\hbar$$

Ela nos diz exatamente isto: "primeiro X e depois P" é diferente de "primeiro P e depois X". Quanto é diferente? Em uma quantidade que depende da constante de Planck: a escala dos fenômenos quânticos. Por isso as matrizes de Heisenberg funcionam: porque permitem levar em conta a ordem em que as informações são obtidas.

O princípio de Heisenberg, ou seja, a equação na página anterior, também se segue com poucas passagens da equação desta página, que resume tudo, portanto. Essa equação traduz em termos matemáticos ambos os postulados da teoria quântica. Esses postulados representam seu significado físico, o melhor que compreendemos hoje.

Na versão de Dirac da teoria quântica nem sequer há necessidade de matrizes: obtém-se tudo simplesmente usando "variáveis que não comutam", ou seja, que satisfazem essa equação. "Não comutam" significa: não se pode mudar impunemente sua ordem. Dirac as chamava "q-números": quantidades *definidas* por essa equação. O nome pomposo para essa matemática é "álgebra não comutativa". Já Dirac é um um poeta quando escreve física: simplifica tudo ao extremo.

Lembram-se dos fótons de Zeilinger com que comecei a descrever os fenômenos quânticos? Eles podiam passar "à direita ou à esquerda" e acabar indo "para cima ou para baixo". Seu comportamento pode ser descrito, portanto, por duas variáveis: uma variável *X*, que pode valer "direita" ou "esquerda", e uma variável *P*, que pode valer "para cima" ou "para baixo". Essas duas variáveis são como posição e velocidade de uma partícula: não podem ser ambas determinadas. Por isso, se fechamos um percurso determinando a primeira variável ("direita" ou "esquerda"), a segunda é indeterminada: os fótons vão por acaso "para cima" ou "para baixo". Da mesma forma, para que a segunda variável seja determinada, ou seja, para que os fótons vão todos "para baixo", é necessário que a primeira variável não seja determinada, isto é, que os fótons possam passar por ambos os percursos. Desse modo, todo o fenômeno é consequência da única equação que diz que essas duas variáveis "não comutam" e, portanto, não podem ser ambas determinadas.

As últimas considerações foram técnicas, e talvez tivesse sido melhor colocá-las numa nota... Mas estou chegando ao fim desta segunda parte do livro e queria completar o quadro da teoria dos quanta, incluindo os postulados sobre a informação que a resumem e o núcleo da sua estrutura matemática, dada por uma única equação.

Essa estrutura nos diz em extrema síntese que o mundo não é contínuo, mas granular, que há um limite inferior finito para sua determinação. Não existe nada de infinito indo em direção ao pequeno. Ela nos diz que o futuro não é determinado pelo presente, que as coisas físicas têm apenas as propriedades relativas a outras coisas físicas e que essas propriedades só existem quando as coisas interagem. Perspectivas diferentes não podem ser justapostas sem parecer contraditórias.

Não nos damos conta de tudo isso em nossa vida cotidiana. O mundo nos parece determinado porque os fenômenos de interferência quântica se perdem no burburinho do mundo macroscópico. Só conseguimos colocá-los em destaque com observações delicadas e isolando os objetos o máximo possível.[10]

Quando não observamos interferências, podemos ignorar as sobreposições quânticas e reinterpretá-las como se fossem nossa ignorância: se não abrimos a caixa, não sabemos se o gato está acordado ou dorme. Em outros termos, se não vemos interferência, não há necessidade de pensar que existe uma sobreposição quântica: "sobreposição quântica" — quero reiterar isso, porque é muito comum fazer confusão acerca desse ponto — significa *apenas* que vemos interferências. Não vemos os delicados fenômenos de interferência entre gato-acordado e gato-dormindo porque eles se perdem no ruído do mundo. De fato, mais que para objetos *pequenos*, os fenômenos quânticos se manifestam para objetos *muito bem isolados*, que permitem isolar e detectar as sutis interferências.

Além disso, geralmente observamos o mundo em grandes escalas e, assim, não vemos sua granularidade. Vemos valores mediatos entre inúmeras pequenas variáveis. Não vemos moléculas isoladas: vemos o gato inteiro. Quando existem tantas variáveis, as flutuações se tornam irrelevantes, a probabilidade se aproxima da certeza.[11] Os bilhões de variáveis descontínuas e pontilhadas do agitado e flutuante mundo dos quanta se reduzem às poucas variáveis contínuas e bem definidas da nossa experiência cotidiana. Em nossa escala, o mundo é como um oceano agitado pelas ondas observado da Lua: uma superfície plana de uma bola de gude imóvel.

Nossa experiência cotidiana, portanto, é compatível com o mundo quântico: a teoria dos quanta compreende a mecânica clássica e a nossa visão de mundo habitual como aproximações. Ela as compreende como um homem que vê bem pode compreender a experiência de um míope que não enxerga a fervura de uma panela no fogo. Mas, na escala das moléculas, a clara ponta de uma faca de aço é flutuante e imprecisa como a margem de um oceano tempestuoso que forma ondas numa praia de areia branca.

A solidez da visão clássica do mundo é apenas a nossa miopia. As certezas da física clássica não passam de probabilidades. A imagem do mundo nítida e sólida da velha física é uma ilusão.

Em 18 de abril de 1947, na ilha sagrada, a ilha de Helgoland, a Marinha inglesa provocou a explosão de 6700 toneladas de dinamite, resíduo do material bélico abandonado pelo Exército alemão. Provavelmente foi a maior explosão já realizada com explosivos convencionais. Helgoland foi totalmente destruída. Quase como se a humanidade tentasse anular o rasgo na realidade aberto pelo jovem na ilha.

Mas o rasgo continua. A explosão conceitual desencadeada por aquele jovem é muito mais devastadora que alguns milhares de toneladas de TNT: é a própria trama da realidade como a concebíamos que se faz em pedaços. Há algo de desnorteador em tudo isso. A solidez da realidade parece diluir-se entre nossos dedos, numa regressão infinita de referências.

Interrompo a escrita destas linhas e olho pela janela. Ainda há neve. A primavera demora a chegar aqui no Canadá. A lareira da sala está acesa. Preciso me levantar para repor a lenha. Estou escrevendo sobre a natureza da realidade. Olho o fogo e me pergunto de qual realidade estou falando. Esta neve? Este fogo instável? Ou a realidade sobre a qual li nos livros? Ou apenas a do calor da lareira que chega à minha pele, de fagulhas sem nome de vermelho-alaranjado, daquele branco cerúleo do crepúsculo que se aproxima?

Por um instante, até essas sensações se confundem. Fecho os olhos e vejo lagos luminosos de cores vívidas que se abrem diante de mim como tendas, nos quais tenho a impressão de mergulhar. Essa também é a realidade? Há danças de formas roxas e laranja, eu não existo mais. Bebo um gole de chá, reavivo o fogo, sorrio. Navegamos num mar incerto de cores e dispomos de bons mapas para nos orientar. Mas entre os nossos mapas mentais e a realidade há a mesma distância que entre os mapas dos navegantes e a fúria das ondas sobre as rochas brancas dos penhascos onde voam os gaviões.

O frágil véu que é nossa organização mental é pouco mais que um instrumento rudimentar para navegar através dos mistérios infinitos desse caleidoscópio mágico inundado de luz em que, perplexos, nos coube existir e que chamamos o nosso mundo.

Podemos atravessá-lo sem perguntas, confiantes nos mapas que temos, que no fundo nos permitem viver muito bem. Podemos ficar em silêncio, arrebatados por sua luz e por sua infinita e comovente beleza. Podemos pacientemente nos sentar à mesa, acender uma vela ou ligar um MacBook Air, ir aos laboratórios, discutir com amigos e inimigos, viajar para a ilha sagrada para fazer cálculos e subir numa pedra ao alvorecer. Ou podemos beber um pouco de chá, reavivar a chama da lareira e recomeçar a escrever, procurando ao mesmo tempo entender um grãozinho a mais, retomar aquele mapa dos navegantes e contribuir para melhorar um de seus percursos. Mais uma vez, repensar a natureza.

Terceira Parte

V

A descrição não ambígua de um fenômeno inclui os objetos para os quais o fenômeno se manifesta.

Onde se pergunta o que tudo isso implica para as nossas ideias sobre a realidade e se descobre que, afinal, a novidade da teoria dos quanta não é assim tão nova.

Aleksandr Bogdanov e Vladímir Lênin

Em 1909, quatro anos depois da fracassada Revolução de 1905 e oito anos antes da vitoriosa Revolução de Outubro, Lênin, assinando com o pseudônimo "V. Il'in", publicou *Materialismo e empirocriticismo: Notas críticas sobre uma filosofia reacionária*, seu texto mais filosófico.[1] O alvo político implícito contra o qual o texto se dirigia era Aleksandr Bogdanov, até então seu amigo e aliado, fundador e principal cabeça pensante dos bolcheviques, junto com ele.

Nos anos que precederam a revolução, Aleksandr Bogdanov publicara um trabalho em três volumes[2] para oferecer uma base teórica geral ao movimento revolucionário, no qual fazia referência a uma perspectiva filosófica chamada *empirocriticismo*. Lênin começou a ver em Bogdanov um rival e a temer sua influência ideológica. Em seu livro, criticou ferozmente o *empirocriticismo*, "filosofia reacionária", defendendo o que chamou de *materialismo*.

Empirocriticismo é um nome com o qual Ernst Mach designava suas próprias ideias. Ernst Mach, lembram-se? A fonte de inspiração filosófica para Einstein e Heisenberg.

Mach não é um filósofo sistemático e às vezes falta-lhe clareza, mas ele teve uma influência sobre a cultura contemporânea que a meu ver é subestimada.[3] Inspirou o início das duas grandes revoluções da física do século XX, relatividade e quanta. Atuou diretamente no nascimento dos estudos científicos sobre as percepções. Esteve no centro do debate político-filosófico que levou à Revolução Russa. Teve uma influência determinante sobre os fundadores do Círculo de Viena (cujo nome público era "Verein Ernst Mach"), o ambiente filosófico onde germinou o empirismo lógico, raiz de tantas vertentes da filosofia da ciência contemporânea, que herdou de Mach a retórica "antimetafísica". Sua influência chega ao pragmatismo americano, outra raiz da atual filosofia analítica.

Sua marca chega à literatura: a tese de doutorado de Robert Musil, um dos maiores romancistas do século XX, teve como tema Ernst Mach. As agitadas discussões do protagonista de seu primeiro romance, *O jovem Törless*, retomam os temas da tese sobre o sentido da leitura científica do mundo. As mesmas questões atravessam em filigrana sua obra mais importante, *O homem sem qualidades*, desde a primeira página, que se inicia com uma dissimulada dupla descrição, científica e cotidiana, de um dia de sol.[4]

A influência de Mach sobre as revoluções da física foi quase pessoal. Mach era amigo de longa data do pai e ele mesmo padrinho de Wolfgang Pauli, o amigo com quem Heisenberg discutia filosofia. Era o filósofo preferido de Schrödinger, que, quando jovem, tinha lido praticamente todos os seus escritos. Einstein tinha como amigo e colega de estudos, em Zurique, Friedrich Adler, filho do cofundador do Partido Social-Democrata da Áustria, promotor de uma convergência de ideias entre Mach e Marx. Adler se tornou dirigente do Partido Social-Democrata

Operário; para protestar contra a participação da Áustria na Primeira Guerra Mundial, assassinou o primeiro-ministro austríaco Karl von Stürgkh e, na prisão, escreveu um livro sobre... Mach.[5]

Em resumo, Ernst Mach situa-se num impressionante cruzamento entre ciência, política, filosofia e literatura. E pensar que hoje alguns veem ciências naturais, ciências humanas e literatura como âmbitos reciprocamente impermeáveis...

O objetivo polêmico de Mach foi o mecanicismo setecentista: a ideia de que todos os fenômenos são produzidos por partículas de matéria que se movem no espaço. Para Mach, os progressos da ciência indicavam que *essa* ideia de "matéria" é um conceito "metafísico" injustificado: um modelo útil por algum tempo, mas do qual temos de aprender a nos desvencilhar para que não se torne um preconceito metafísico. Mach insiste que a ciência precisa se libertar de *todo* conceito "metafísico". Basear o conhecimento apenas no que é "observável".

Lembram-se? Essa é exatamente a ideia inicial do mágico trabalho de Heisenberg concebido na ilha de Helgoland. O trabalho que abriu caminho para a teoria dos quanta e para o relato deste livro. Eis como começa o artigo de Heisenberg: "O objetivo deste trabalho é lançar os fundamentos para uma teoria da mecânica quântica baseada exclusivamente em relações entre quantidades que em princípio sejam observáveis", quase uma citação de Mach.

A ideia de que o conhecimento se baseia em experiência e observações certamente não é original: é a tradição do empirismo clássico que remonta a Locke e Hume, se não a Aristóteles. No grande idealismo clássico alemão, a atenção à relação entre sujeito e objeto do conhecimento e a dúvida sobre a possibilidade de conhecer o mundo "como realmente é" levaram à centralidade filosófica do sujeito que conhece. Mach, como cientista, leva a atenção do sujeito para a própria experiência — que chama de "sensações". Estuda a forma concreta com que o conhecimento científico aumenta com base na experiência. Seu trabalho mais famoso[6] examina a evolução histórica da mecânica. Ele a interpreta como o esforço de sintetizar do modo mais econômico os fatos conhecidos sobre o movimento revelado pelas sensações.

Assim, Mach nunca vê o conhecimento como o ato de deduzir ou adivinhar uma hipotética realidade *além das sensações*, mas como a busca de uma organização eficiente do nosso modo de organizar essas sensações. Para ele, o mundo que nos interessa é *constituído* por sensações. Qualquer pressuposição sobre o que se esconde "atrás" das sensações é suspeita de "metafísica".

No entanto, em Mach a ideia de "sensação" é ambígua. É sua fraqueza, mas também sua força: Mach toma esse conceito da fisiologia das sensações físicas e o transforma numa noção universal *independente da esfera psíquica*. Usa o termo "elementos" (num sentido semelhante ao darma da filosofia budista). "Elementos" não são apenas as sensações que um ser humano ou um animal experimentam. São qualquer fenômeno que se manifeste no universo. Os "elementos" não são independentes: estão ligados por relações, que Mach chama de "funções", e são elas que a ciência estuda. Ainda que imprecisa, a filosofia de Mach é, portanto, uma verdadeira filosofia natural que substitui o mecanicismo da matéria que se move no espaço por um conjunto geral de elementos e funções.[7]

O interesse dessa posição filosófica é que ela elimina tanto qualquer hipótese sobre uma realidade por trás das aparências quanto qualquer hipótese sobre a realidade do sujeito que tem experiência. Para Mach, não existe distinção entre mundo físico e mundo mental: a "sensação" é igualmente física e mental. É real. Bertrand Russell descreve a mesma ideia assim: "O material primeiro de que é feito o mundo não é de dois tipos, matéria e mente; está apenas arranjado em estruturas diferentes por suas inter-relações: chamamos algumas estruturas de mentais e outras de físicas".[8] Desaparece a hipótese de uma realidade material por detrás dos fenômenos, desaparece a hipótese de um espírito que conhece. Para Mach, quem tem conhecimento não é o "sujeito" do idealismo: é a atividade humana concreta, no curso concreto da história, que aprende a organizar de modo cada vez melhor os fatos do mundo com os quais interage.

Essa perspectiva histórica e concreta entra facilmente em sintonia com as ideias de Marx e Engels, para os quais o conhecimento também é ancorado na história da humanidade. O conhecimento é despojado de qualquer caráter a-histórico, de qualquer ambição de absoluto ou pretensão de certeza, e ancorado no processo concreto da evolução biológica, histórica e cultural do homem em nosso planeta. É interpretado em termos biológicos e econômicos, como instrumento para simplificar a interação com o mundo. Não é aquisição definitiva, mas processo aberto. Para Mach, o saber é a ciência da natureza, mas sua perspectiva não está distante do historicismo do materialismo dialético. A sintonia entre as ideias de Mach e as de Engels e Marx é desenvolvida por Bogdanov e encontra consensos na Rússia pré-revolucionária.

A reação de Lênin é incisiva: em *Materialismo e empirocriticismo*, ele ataca violentamente Mach, seus discípulos russos e, de maneira implícita, Bogdanov. Acusa-o de fazer filosofia "reacionária", o pior dos insultos. Em 1909, Bogdanov é expulso do conselho editorial do *Proletário*, o jornal alternativo dos bolcheviques, e pouco depois do Comitê Central do Partido.

A crítica de Lênin a Mach e a resposta de Bogdanov[9] nos interessam. Não por Lênin ser Lênin, mas porque sua crítica é a reação natural às ideias que levaram à teoria dos quanta. A mesma crítica é natural também para nós, e a questão debatida por Lênin e Bogdanov retorna na filosofia contemporânea, sendo uma chave para compreender a dimensão revolucionária dos quanta.

Lênin acusa Bogdanov e Mach de serem "idealistas". Para Lênin, um idealista nega a existência de um mundo real fora do espírito e reduz a realidade ao conteúdo da consciência.

Se existem apenas "sensações", argumenta Lênin, então não existe uma realidade externa, eu vivo num mundo solipsista onde só existo eu com as minhas sensações. Assumo a mim mesmo, o sujeito, como única realidade. O idealismo é, para Lênin, a manifestação ideológica da burguesia, o inimigo. Ao idealismo Lênin opõe um materialismo que vê o ser humano, a sua consciência, o espírito como aspectos de um mundo concreto, objetivo, cognoscível, feito apenas de matéria em movimento no espaço.

Independentemente da maneira como se julgue o seu comunismo, Lênin sem dúvida foi um político extraordinário. Seu conhecimento da literatura filosófica e científica também é impressionante; se hoje elegêssemos políticos tão cultos, talvez eles também fossem mais eficazes. Mas Lênin não é lá grande coisa como filósofo. A influência de seu pensamento filosófico deve-se mais ao seu longo domínio do cenário político que à profundidade de seus argumentos. Mach merece mais.[10]

Bogdanov responde a Lênin que sua crítica erra o alvo. O pensamento de Mach não é idealismo, e muito menos solipsismo. A humanidade que conhece não é um sujeito transcendente isolado, não é o "eu" filosófico do idealismo: é a humanidade real, histórica, parte do mundo natural. As "sensações" não estão "dentro da nossa mente". São fenômenos do mundo: a forma na qual o mundo se apresenta ao mundo. Não chegam a um eu separado do mundo: chegam à pele, ao cérebro, aos neurônios da retina, aos receptores da orelha, todos elementos da natureza.

Em seu livro, Lênin define "materialismo" como a convicção de que existe um mundo fora da mente.[11] Se a definição de "materialismo" é essa, Mach certamente é materialista, somos todos materialistas, até o papa é materialista. Mas, para Lênin, a única versão do materialismo é a ideia de que "não existe nada mais no mundo além de matéria em movimento no espaço e no tempo" e que podemos chegar a "verdades certas" ao conhecer a matéria. Bogdanov evidencia a debilidade tanto *científica* quanto *histórica* dessas afirmações peremptórias. O mundo com certeza está fora da nossa mente, mas é mais sutil que esse materialismo ingênuo. A alternativa não é apenas entre a ideia de que o mundo só existe na mente, ou que é feito apenas de partículas de matéria em movimento no espaço.

Com certeza, Mach não pensa que não existe nada fora da mente. Ao contrário, está interessado precisamente no que está fora dela (seja o que for a "mente"): a natureza, na sua complexidade de que somos parte. A natureza se apresenta como um conjunto de fenômenos, e Mach recomenda estudar os fenômenos, construir sínteses e estruturas de conceitos que os expliquem, não postular realidades subjacentes.

A proposta radical de Mach é não pensar os fenômenos como manifestações de objetos, mas pensar os objetos como junções de fenômenos. Não é uma metafísica dos conteúdos da consciência, como a lê Lênin: é um passo atrás em relação à metafísica dos objetos-em-si. Mach é mordaz: "A concepção do mundo [mecanicista] parece-nos mitologia mecânica [como] a mitologia animista das religiões antigas".[12]

Einstein reconheceu várias vezes sua dívida para com Mach.[13] A crítica ao conceito (metafísico) da existência de um espaço fixo real "dentro do qual" as coisas se movem abriu caminho para sua relatividade geral.

No espaço aberto pela leitura da ciência feita por Mach, que só considera óbvia a realidade de alguma coisa na medida em que nos permite organizar os fenômenos, encaixa-se Heisenberg, para eliminar a trajetória do elétron e reinterpretá-lo apenas nos termos das suas manifestações.

Nesse mesmo espaço se abre a possibilidade da interpretação relacional da mecânica quântica, em que os elementos úteis para descrever o mundo são manifestações de sistemas físicos uns para os outros, não propriedades absolutas de cada sistema.

Bogdanov recrimina Lênin por fazer da "matéria" uma categoria absoluta e a-histórica, "metafísica" no sentido de Mach. Critica-o sobretudo por esquecer a lição de Engels e Marx: a história é processo, o conhecimento é processo. O conhecimento científico aumenta, escreve Bogdanov, e a ideia de matéria própria da ciência de nossa época poderia se revelar apenas uma etapa intermediária no caminho do conhecimento. A realidade poderia ser mais complexa que o ingênuo materialismo da física setecentista. Palavras proféticas: poucos anos depois, Werner Heisenberg abre as portas para o nível quântico da realidade.

Igualmente impressionante é a resposta *política* de Bogdanov a Lênin. Lênin fala de certezas absolutas. Apresenta o materialismo histórico de Marx e Engels como algo adquirido para sempre. Bogdanov observa que esse dogmatismo ideológico não apenas não apreende a dinâmica do pensamento científico, mas leva também ao dogmatismo político. A Revolução Russa — argumenta Bogdanov nos turbulentos anos subsequentes a ela — criou uma estrutura econômica nova. Se a cultura é influenciada pela estrutura econômica, como sugeriu Marx, então a sociedade pós-revolucionária deve ter condições de produzir uma cultura nova, que já não pode ser o marxismo ortodoxo concebido *antes* da Revolução.

O programa político de Bogdanov era deixar poder e cultura para o povo, para alimentar a cultura nova, coletiva e generosa almejada pelo sonho revolucionário. O programa político de Lênin, ao contrário, era fortalecer a vanguarda revolucionária, depositária da verdade, que devia *guiar* o proletariado. Bogdanov prevê que o dogmatismo de Lênin congelará a Rússia revolucionária num bloco de gelo que não evoluirá mais, sufocará as conquistas da Revolução, se tornará esclerosado. Palavras igualmente proféticas.

"Bogdanov" é um pseudônimo. Um dos muitos que usou para se esconder da polícia do tsar. Ele nasce como Aleksandr Aleksandrovitch Malinovski, segundo de seis irmãos, filho de um professor primário de um vilarejo. Independente e rebelde desde muito pequeno, diz a lenda que as primeiras palavras que pronunciou, aos dezoito meses, durante uma discussão em família, foram: "Papai é idiota!".[14]

Graças a uma promoção do pai (que não era idiota) a professor de física numa cidade com uma escola maior, o pequeno Aleksandr tem acesso a uma biblioteca e a um laboratório rudimentar de física. Ganha uma bolsa de estudos para frequentar o ginásio, do qual se lembra: "O fechamento mental e a malícia dos professores me ensinaram a desconfiar dos poderosos e a rejeitar qualquer tipo de autoridade".[15] A mesma intolerância visceral à autoridade que orienta a formação de Einstein, alguns anos mais novo que ele.

Depois de concluir brilhantemente a escola, inscreve-se na Universidade de Moscou para estudar ciências naturais. Adere a uma organização de estudantes que ajuda colegas de províncias distantes. Envolve-se em atividades políticas. É preso várias vezes. Traduz *O capital* de Marx para o russo. Trabalha na propaganda política, escreve textos de economia para os operários. Estuda medicina na Ucrânia, é preso mais uma vez e exilado. Em Zurique, entra em contato com Lênin. É um dos líderes do movimento bolchevique, um pouco como o vice do chefe. Nos anos subsequentes à polêmica com Lênin, é afastado da direção e depois da Revolução é alijado dos centros de poder. Continua a ser universalmente respeitado e a exercer uma forte influência cultural, moral e política. Nos anos 1920 e 1930, é a referência da oposição clandestina "de esquerda", que procura defender os êxitos da Revolução da autocracia bolchevique, até essa dissidência ser esmagada por Stálin.

O conceito-chave da produção teórica de Bogdanov é a noção de "organização". A vida social é organização do trabalho coletivo. O conhecimento é organização da experiência e dos conceitos. Podemos compreender a realidade como organização, estrutura. A imagem do mundo que Bogdanov propõe é nos termos de uma escala de formas de organização cada vez mais complexas: de elementos mínimos que interagem diretamente, através da organização da matéria no ser vivo, do desenvolvimento biológico da experiência individual organizada em indivíduos, até o conhecimento científico, que é, para Bogdanov, experiência organizada coletivamente. Com a cibernética de Norbert Wiener e a teoria dos sistemas de Ludwig von Bertalanffy, essas ideias terão uma influência pouco reconhecida, mas profunda, sobre o pensamento moderno, sobre o nascimento da cibernética, sobre a ciência dos sistemas complexos, até o realismo estrutural contemporâneo.

Na Rússia soviética, Bogdanov é professor de economia na Universidade de Moscou, dirige a Academia Comunista, escreve um romance de ficção científica, *Estrela vermelha*, que se torna um clamoroso sucesso editorial. O romance descreve uma sociedade utópica libertária em Marte, que superou todas as distinções entre homens e mulheres, e usa um eficiente aparato estatístico para elaborar dados econômicos capazes de indicar às fábricas o que é preciso produzir e aos desempregados em que fábrica encontrar trabalho, e assim por diante, deixando, porém, cada um livre para escolher como viver.

Trata de organizar centros para a cultura proletária, onde uma nova cultura, solidária, seja livre para florescer autonomamente. Afastado por Lênin também dessa atividade, dedica-se à medicina. Médico de formação, servira na frente de batalha durante a Primeira Guerra Mundial. Funda um instituto de pesquisa médica em Moscou e torna-se um dos pioneiros das técnicas de transfusão de sangue. Na sua ideologia revolucionária e coletivista, as transfusões de sangue simbolizavam a possibilidade dos homens de colaborar e compartilhar.

Médico, economista, filósofo, cientista natural, escritor de ficção científica, poeta, professor, político, antecipador da cibernética e da ciência da organização, pioneiro das transfusões de sangue, revolucionário por toda a vida, Aleksandr Bogdanov é um dos personagens mais complexos e fascinantes do mundo intelectual do início do século XX. Suas ideias, demasiado radicais para ambos os lados da Cortina de Ferro, difundiram-se clandestina e lentamente. Só no ano passado foi publicada em inglês sua obra em três volumes que deu origem à crítica de Lênin. Curiosamente, encontram-se mais vestígios dele na literatura: nele são inspirados o romance *Proletkult*, de Wu Ming,[16] e o grande personagem de Arkady Bogdanov na esplêndida trilogia *Red Mars*, *Green Mars*, *Blu Mars*, de Kim Stanley Robinson.[17]

Fiel a seus ideais de compartilhamento, Alekandr Bogdanov morrerá de maneira inacreditável, num experimento científico em que divide o próprio sangue com um jovem doente de tuberculose e malária, na tentativa de curá-lo.

Até o último instante, a coragem de experimentar, a coragem de compartilhar, o sonho da fraternidade.

Naturalismo sem substância

Divaguei um pouco. A perspectiva de Mach que permitiu que Heisenberg desse o passo crucial é importante para compreender o que descobrimos no mundo com os quanta. A polêmica entre Lênin e Bogdanov evidencia o ponto que gera os mal-entendidos.

O espírito "antimetafísico" que Mach promoveu é uma atitude de abertura: não procuremos ensinar ao mundo como ele deve ser. Em vez disso, vamos prestar atenção no mundo, para que ele nos ensine como pensá-lo melhor.

Quando Einstein objeta à mecânica quântica que "Deus não joga dados", Bohr lhe responde: "Pare de dizer a Deus o que Ele deve fazer". Sem metáfora: a natureza é mais rica que nossos preconceitos metafísicos. Tem mais imaginação que nós.

Um dos filósofos que mais agudamente examinaram a teoria dos quanta, David Albert, certa vez me perguntou: "Carlo, como você pode pensar que experimentos feitos com pedacinhos de metal e de vidro num laboratório podem ter tanto peso a ponto de colocar em dúvida nossas mais arraigadas convicções metafísicas sobre como o mundo é feito?". A pergunta me incomodou por muito tempo. No fim, porém, a resposta me parece simples: "E o que são 'as nossas mais arraigadas convicções metafísicas' senão, *também elas*, algo que nos acostumamos a considerar verdadeiro, precisamente manipulando pedras e pedaços de madeira?".

Nossos preconceitos sobre a maneira como é feita a realidade são o resultado da nossa experiência. Nossa experiência é limitada. Não podemos acreditar piamente nas generalizações que fizemos dela no passado. Ninguém o diz melhor que Douglas Adams, com sua ironia:

> O fato de vivermos no fundo de um profundo poço de potencial gravitacional, na superfície de um planeta coberto de gás que gira em torno de uma bola de fogo nuclear a 150 milhões de quilômetros de distância, e ainda pensarmos que isso é "normal", é uma clara indicação de quão distorcidas tendem a ser as nossas perspectivas.[1]

Esperamos poder modificar as nossas perspectivas metafísicas provincianas se aprendermos um pouco mais. Vamos levar a sério as novidades que aprendemos sobre o mundo, mesmo que se choquem contra os nossos preconceitos sobre a maneira como é feita a realidade.

Isso me parece uma atitude de renúncia à arrogância do saber e ao mesmo tempo de confiança na razão e na sua capacidade de aprender. A ciência não é depositária da verdade, mas se apoia na consciência de que *não existem* depositários da verdade. O melhor caminho para aprender é interagir com o mundo tentando compreendê-lo, readaptando os nossos esquemas mentais ao que descobrimos. Esse respeito pela ciência como fonte do nosso saber sobre o mundo aumentou até o naturalismo radical de filósofos como Willard Quine, para quem o nosso próprio conhecimento é um dos tantos processos naturais e como tal deve ser estudado.

Muitas "interpretações" da mecânica quântica como as descritas no capítulo 11 parecem-me esforços para comprimir as descobertas da física fundamental nos padrões de preconceitos metafísicos. Estamos convencidos de que o mundo é determinístico, que o futuro e o passado são univocamente determinados pelo estado presente do mundo? Então acrescentamos quantidades que determinam o passado e o futuro, ainda que sejam inobserváveis. Ficamos incomodados ao ver o desaparecimento de um componente de uma sobreposição quântica? Então acrescentamos um universo paralelo inobservável, onde esse componente vai se esconder. E assim por diante. Penso que temos de adaptar nossa filosofia à nossa ciência, e não o contrário.

Niels Bohr foi o pai espiritual dos jovens turcos que fizeram a teoria dos quanta. Foi ele quem incentivou Heisenberg a se ocupar do problema, quem o acompanhou no interior do mistério dos átomos. Ele mediou o conflito entre Heisenberg e Schrödinger. Formulou a maneira de pensar a teoria que acabou nos livros didáticos de física de todo o planeta. Foi o cientista que talvez mais que qualquer outro se esforçou para compreender o que tudo isso implicava. A lendária discussão entre ele e Einstein sobre a sensatez da teoria durou anos, impelindo os dois gigantes a esclarecer suas posições, a retroceder.

Einstein sempre reconheceu que a mecânica quântica é um passo adiante na compreensão do mundo: foi ele quem propôs Heisenberg, Born e Jordan para o prêmio Nobel. Mas nunca se convenceu da forma que a teoria assumiu. Acusou-a, em diferentes períodos, de ser inconsistente, de ser implausível, de ser incompleta.

Bohr defendeu a teoria das críticas de Einstein, às vezes com razão, às vezes até vencendo discussões com argumentos equivocados.[2] O pensamento de Bohr não é nítido, é sempre um pouco obscuro. Mas suas intuições são muito argutas e construíram boa parte da atual compreensão da teoria.

A intuição-chave de Bohr é sintetizada na seguinte observação:

> Enquanto no âmbito da física clássica as interações entre um objeto e o aparelho de medida podem ser negligenciadas — ou, se necessário, podemos levá-las em conta e compensá-las —, na física quântica essa interação é uma parte inseparável do fenômeno. Por isso, em princípio, a descrição não ambígua de um fenômeno quântico requer a inclusão da descrição de todos os aspectos relevantes do arranjo experimental.[3]

Essas palavras apreendem o aspecto relacional da mecânica quântica, mas no âmbito circunscrito de um fenômeno medido num laboratório por instrumentos de medida. Por isso, estão sujeitas a um equívoco: pensar que se fala apenas de uma situação em que há um ser particular que usa instrumentos para medir. Pensar que um ser humano, a sua mente, ou os números que usa, desempenham um papel especial na gramática da natureza é uma bobagem.

O que é necessário acrescentar ao parágrafo de Bohr é a consciência, ampliada no decorrer de um século de êxitos da teoria, do fato de que *toda* a natureza é quântica e não existe nada de especial num laboratório de física com um aparelho de medida. Não existem fenômenos quânticos em laboratório e fenômenos não quânticos em outros lugares: todos os fenômenos são, em última análise, quânticos. Estendida a qualquer fenômeno natural, a intuição de Bohr passa a ser:

> Enquanto antes pensávamos que as propriedades de qualquer objeto eram determinadas mesmo que não levássemos em conta as

interações em curso entre esse objeto e os outros, a física quântica nos mostra que a interação é parte inseparável dos fenômenos. A descrição não ambígua de qualquer fenômeno exige a inclusão de todos os objetos envolvidos na interação em que o fenômeno se manifesta.

E *isso* é radical, mas claro. Os fenômenos são ações de uma parte do mundo natural sobre outra parte do mundo natural. Confundir essa descoberta com algo que tem a ver com nossa mente é o erro de Lênin: na polêmica com Mach, o dualista é ele, que só sabe conceber fenômenos relativos a um sujeito transcendente.

A mente não tem nenhuma importância. "Observadores" especiais não desempenham nenhum papel verdadeiro para a teoria. O ponto central é mais simples: não podemos fazer a separação entre propriedades de um objeto e suas manifestações quando em interação. Em última análise, todas as propriedades (variáveis) de um objeto são definidas apenas em relação a outros objetos.

Um objeto isolado, tomado em si mesmo, independente de qualquer interação, não tem um estado particular. No máximo, podemos lhe atribuir uma espécie de disposição probabilística[4] para se manifestar de uma maneira ou de outra. Mas essa também não é uma antecipação de fenômenos futuros e um reflexo de fenômenos passados, e é apenas e tão somente sempre relativa a outro objeto.

A conclusão é radical. Demole a ideia de que o mundo deve ser constituído por uma substância que tem atributos[5] e nos leva a pensar tudo em termos de relações.

Creio que foi isso que descobrimos do mundo com os quanta.

Sem fundamento? Nāgārjuna

Essa maneira de compreender a descoberta central da mecânica quântica tem como base as intuições originárias de Heisenberg e Bohr, mas começou a ficar mais clara na metade dos anos 1990, com o surgimento da "interpretação relacional da mecânica quântica".[1] O mundo da filosofia reagiu a essa interpretação da descoberta dos quanta de diversos modos. Escolas de pensamento distintas procuraram enquadrá-la em vários termos filosóficos. Bas van Fraassen, um dos mais brilhantes filósofos contemporâneos, fez uma análise aguda de tal descoberta no âmbito do seu "empirismo construtivo".[2] Michel Bitbol fez uma leitura neokantiana.[3] F.-I. Pris, uma leitura no âmbito de um realismo contextual.[4] Pierre Livet a leu em termos de uma ontologia de processos.[5] Mauro Dorato, num penetrante artigo que analisa seus diversos aspectos filosóficos,[6] inseriu-a no realismo estrutural, segundo o qual a realidade é constituída de estruturas.[7] Laura Candiotto defendeu a mesma tese com ótimos argumentos.[8]

Não me aprofundo aqui no debate entre as correntes da filosofia contemporânea. Acrescento, porém, algumas observações e conto uma história pessoal.

A descoberta de que quantidades que julgávamos absolutas são na verdade relativas é um tema que atravessa a história da física. A relatividade da velocidade discutida por Galileu é um exemplo disso. As descobertas de Einstein vão na mesma linha. A diferença entre um campo elétrico e um campo magnético é relacional: depende de como nos movemos. O valor do potencial elétrico é relativo ao potencial em outro lugar. E assim por diante.

Além da física, o pensamento relacional está presente em todas as ciências. Em biologia, as características dos sistemas vivos são compreensíveis em relação ao ambiente, formado por outros seres vivos. Em química, as propriedades dos elementos são a maneira como eles interagem com outros elementos. Em economia, fala-se de relações econômicas. Em psicologia, a personalidade individual existe num contexto relacional. Nesses e em tantos outros casos, entendemos as coisas (vida biológica, vida psíquica, compostos químicos...) em seu estar *em relação* com outras coisas.

Na história da filosofia ocidental, a crítica à noção de "entidade" tomada como fundamento da realidade é recorrente. É encontrada nas tradições filosóficas mais díspares,[9] do "tudo flui" de Heráclito à contemporânea metafísica das relações. Só no último ano foram publicados livros de filósofos como *Formal Approach to the Metaphysics of Perspectives*[10] [Uma abordagem formal da metafísica das perspectivas] e *Viewpoint Relativism: A New Approach to Epistemological Relativism Based on the Concept of Points of View*[11] [O relativismo dos pontos de vista: Uma nova abordagem epistemológica baseada no conceito de ponto de vista].

Na filosofia analítica, o realismo estrutural[12] baseia-se na ideia de que as relações vêm antes dos objetos: para Ladyman, por exemplo, a melhor maneira de compreender o mundo é pensá-lo como um conjunto de relações sem objetos que estejam em relação.[13] Numa perspectiva neokantiana, Michel Bitbol escreveu *De l'intérieur du monde: Pour une philosophie et une science des relations*[14] [Do interior do mundo: Por uma filosofia e uma ciência das relações]. Na Itália, Laura Candiotto publicou com Giacomo Pezzano um livro intitulado *Filosofia delle relazioni*[15] [Filosofia das relações].

Mas a ideia é antiga. No Ocidente, está presente já nos últimos diálogos de Platão. No *Sofista*, Platão se pergunta sobre o fato de que as ideias atemporais precisam sempre entrar em relação com a realidade fenomênica para ter sentido e chega a pôr nos lábios do personagem central do diálogo, o Estrangeiro de Eleia, esta famosa definição completamente relacional — e terrivelmente pouco eleática — de realidade:

> Digo, portanto, que o que por natureza pode agir sobre outro ou sofrer até a mínima ação por parte de outro, por insignificante que seja, e mesmo que uma única vez, só este pode ser considerado verdadeiramente real. Proponho, assim, esta definição do ser: que ele seja apenas ação (δύναμις).[16]

Como de costume, poderia murmurar alguém, numa frase Platão já disse tudo o que deve ser dito...

Até este mínimo e fragmentário apanhado é suficiente para mostrar o quanto é recorrente a ideia de que o mundo é tecido por relações e interações, mais que por objetos.

Tomemos um objeto, a cadeira que tenho diante de mim. É real e de fato está diante de mim: não há dúvida. Mas o que exatamente significa que aquele conjunto seja um objeto, uma entidade, uma cadeira, real?

A noção de cadeira é definida por sua função: um móvel construído para que possamos nos sentar. Pressupõe a humanidade, que se senta. Não diz respeito à cadeira em si: diz respeito à maneira como a concebemos. Isso não interfere no fato de que a cadeira existe ali, como objeto, com suas óbvias características físicas, cor, dureza etc.

Por outro lado, essas características também são relativas a nós. A cor nasce do encontro entre as frequências da luz refletida pela superfície da cadeira com os específicos receptores na retina. A maioria das outras espécies animais não vê as cores como nós. As próprias frequências emitidas pela cadeira nascem da interação entre a dinâmica de seus átomos e a luz que a ilumina.

Seja como for, a cadeira é um objeto independente de sua cor. Se a movimento, ela se movimenta inteira... De fato, nem sequer isso é verdade: a cadeira é feita de um assento apoiado numa estrutura, que se levanta se a apanho com a mão. É uma união de peças. O que faz com que essa união constitua um objeto, uma unidade? Não muito mais que o papel que o conjunto tem para nós...

Se procuramos a cadeira em si, independente de suas relações com o externo, e em particular conosco, não a encontramos.

Não há nada de misterioso nisso: o mundo não é dividido em entidades isoladas. Somos nós que o separamos em objetos para nossa conveniência. Uma cadeia de montanhas não é separada em montanhas isoladas: somos nós que a dividimos em partes que nos interessam. Inúmeras — senão todas — de nossas definições são relacionais: uma mãe é mãe porque existe um filho, um planeta é um planeta porque gira em torno de uma estrela, um predador é um predador porque existem as presas, uma posição é uma posição em relação a alguma outra coisa. Até o tempo é definido por relações.[17]

Nada disso é novo. Mas a física foi incumbida de fornecer uma base sólida para apoiar essas relações: uma realidade que fosse subjacente a, ou sustentasse, esse mundo de relações. A física clássica, com sua ideia de matéria que se movimenta no espaço, caracterizada por qualidades primárias (a forma) que subjazem às qualidades secundárias (a cor), parecia poder desempenhar este papel: fornecer os ingredientes primeiros do mundo, que podemos conceber como existentes por si, na base do jogo das combinações e das relações.

A descoberta das propriedades quânticas do mundo é a descoberta de que a matéria física não é capaz de desempenhar esse papel. A física fundamental descreve uma gramática elementar e universal, mas não se trata de uma gramática constituída de simples matéria em movimento, com qualidades primárias próprias. A relacionalidade que permeia o mundo desce até essa gramática elementar. Não podemos descrever nenhuma entidade elementar a não ser no contexto daquilo com que ela está em interação.

Isso nos deixa sem um ponto de apoio. Se a matéria portadora de propriedades definidas e unívocas não constitui a substância elementar do mundo, se o sujeito do conhecimento é uma parte da natureza, qual é a substância elementar do mundo?

A que podemos ancorar a nossa concepção do mundo? Do que podemos partir? O que é fundamental?

A história da filosofia ocidental é em ampla medida uma tentativa de responder à questão do que é fundamental. Uma busca do ponto de partida do qual derivar o resto: a matéria, Deus, o espírito, os átomos e o vácuo, as formas platônicas, as formas *a priori* do conhecimento, o sujeito, o Espírito Absoluto, os momentos elementares de consciência, os fenômenos, a energia, a experiência, as sensações, a linguagem, as proposições verificáveis, os dados científicos, as teorias falsificáveis, os círculos hermenêuticos, as estruturas... Uma longa lista de propostas de fundamento, nenhuma das quais jamais chegou a convencer a todos.

A tentativa de Mach de tomar como fundamento as "sensações", ou "elementos", inspirou cientistas e filósofos, mas no final não me parece mais convincente que outras. Mach esbraveja contra a metafísica, mas de fato elabora uma metafísica própria, mais leve, mais flexível, porém ainda assim uma metafísica: elementos e funções. Um realismo dos fenômenos, ou um "empirismo realista".[18]

Nas minhas tentativas de encontrar um sentido para os quanta, perambulei pelos textos de filósofos em busca de uma base conceitual para compreender a estranha imagem do mundo oferecida por essa incrível teoria. Encontrei ótimas sugestões, críticas perspicazes, mas nada de totalmente convincente para mim.

Um dia, porém, me deparei com um texto que me deixou estupefato, e encerro este capítulo, que não pode ter conclusões, com o relato desse encontro.

Não cheguei até ele por acaso. Ao falar dos quanta e de sua natureza relacional, várias vezes conversei com pessoas que me diziam: "Você já leu Nāgārjuna?".

Na enésima vez que me perguntaram: "Você já leu Nāgārjuna?", decidi lê-lo. É um texto pouco conhecido no Ocidente, mas não é um texto menor: é uma das pedras angulares da filosofia indiana, e eu só não o conhecia por causa da minha lamentável ignorância do pensamento asiático, característica de um ocidental. Seu título é uma daquelas impossíveis palavras indianas: *Mūlamadhyamakakārikā*, traduzida de muitas maneiras, por exemplo, *Versos fundamentais do caminho do meio*. Eu o li numa tradução comentada de um filósofo analítico norte-americano.[19] Fiquei muito impressionado com ele.

Nāgārjuna viveu no século II. Há inúmeros comentários sobre o seu texto, bem como interpretações e exegeses estratificadas. O interesse de textos tão antigos é precisamente a estratificação de leituras que faz com que eles cheguem até nós enriquecidos de níveis de significados. O que realmente nos interessa nos textos antigos não é o que o autor queria dizer inicialmente: é o que o texto pode nos sugerir hoje.

A tese central do livro de Nāgārjuna é simplesmente que não existem coisas que têm existência em si, independentemente de outra coisa. A ressonância com a mecânica quântica é imediata. Obviamente, Nāgārjuna não sabia e não podia saber nada dos quanta, não é esse o ponto. O ponto é que os filósofos nos oferecem maneiras originais de pensar o mundo, e nós podemos nos servir delas caso nos sejam úteis. A perspectiva oferecida por Nāgārjuna talvez torne um pouco mais fácil pensar o mundo dos quanta.

Se nada tem existência em si, tudo existe apenas em função de alguma outra coisa, em relação a alguma outra coisa. O termo técnico usado por Nāgārjuna para descrever a ausência de existência independente é "vacuidade" (*śūnyatā*): as coisas são "vazias", no sentido de que não têm realidade autônoma, existem graças a, em função de, em relação a, da perspectiva de alguma outra coisa.

Se olho para um céu nublado — para dar um exemplo ingênuo —, posso ver nele um castelo e um dragão. Lá no céu existem realmente um dragão e um castelo? É claro que não: o castelo e o dragão nascem do encontro entre a aparência das nuvens e as sensações e pensamentos na minha mente; por si, são entidades vazias, não existem. Até aqui é fácil. Mas Nāgārjuna sugere que até as nuvens, o céu, as sensações, os pensamentos e minha própria mente também são coisas que nascem do encontro entre outras coisas: entidades vazias.

E eu que vejo uma estrela? Existo? Não, eu também não. Então quem vê a estrela? Ninguém, diz Nāgārjuna. Ver a estrela é um componente daquele conjunto que convencionalmente chamo o meu eu. "Aquele que articula a linguagem não existe. O círculo dos pensamentos não existe."[20] Não existe nenhuma essência última ou misteriosa para ser compreendida, que seja a verdadeira essência do nosso ser. "Eu" é apenas o conjunto vasto e interconectado dos fenômenos que o constituem, cada qual dependente de alguma outra coisa. Séculos de especulação ocidental sobre o sujeito e sobre a consciência se desvanecem como orvalho no ar matutino.

Nāgārjuna distingue dois níveis, como o fazem muitas vertentes da filosofia e da ciência: a realidade convencional, aparente, com seus aspectos ilusórios ou prospectivos, e a realidade última. Mas leva essa distinção numa direção inesperada: a realidade última, a essência, é ausência, vacuidade. Não existe.

Se toda metafísica busca uma substância primeira, uma essência da qual tudo depende, o ponto de partida do qual pode derivar o resto, Nāgārjuna sugere que a substância última, o ponto de partida... não existe.

Há tímidas intuições em direções semelhantes na filosofia ocidental. Mas a perspectiva de Nāgārjuna é radical. A existência convencional cotidiana não é negada; ao contrário, é afirmada em toda a sua complexidade, com seus níveis e facetas. Pode ser estudada, explorada, analisada, reduzida a termos mais elementares. Mas não tem sentido, sugere Nāgārjuna, buscar seu substrato último. A diferença do realismo estrutural contemporâneo, por exemplo, me parece clara: podemos imaginar Nāgārjuna acrescentando hoje ao seu libelo um pequeno capítulo intitulado "As estruturas também são vazias". Existem apenas enquanto pensadas para organizar outra coisa. Na sua linguagem: "Não são nem precedentes aos objetos, nem não precedentes aos objetos, nem ambas as coisas, nem, enfim, uma coisa nem outra coisa".*

O caráter ilusório do mundo, o *samsāra*, é tema geral do budismo; reconhecê-lo é atingir o *nirvāna*, a libertação e a bem--aventurança. Para Nāgārjuna, *samsāra* e *nirvāna* são a mesma coisa: ambos vazios de existência própria. Não existentes.

Então a única realidade é a vacuidade? Essa é a realidade última? Não, escreve Nāgārjuna no capítulo mais impressionante de seu livro, toda perspectiva só existe em função de outra coisa, nunca é realidade última, e isso vale também para a perspectiva de Nāgārjuna: até a vacuidade é vazia de essência, é convencional. Nenhuma metafísica sobrevive. A vacuidade é vazia.

Nāgārjuna nos concede um instrumento conceitual formidável para pensar a relacionalidade dos quanta: podemos pensar a interdependência sem essências autônomas que depois entram em relação. Aliás, a interdependência — este é o argumento-chave de Nāgārjuna — *exige* que nos esqueçamos das essências autônomas.

A longa busca da "substância última" da física, que passou pela matéria, pelas moléculas, pelos átomos, campos, partículas elementares..., naufragou na complexidade relacional da teoria quântica dos campos e da relatividade geral.

Como pode um antigo pensador indiano nos oferecer um instrumento conceitual para nos ajudar a sair do impasse?

É sempre com os outros que aprendemos, com o diferente. Apesar dos milênios de diálogo ininterrupto, Oriente e Ocidente talvez ainda tenham muito a dizer um ao outro. Como nos melhores casamentos.

* Esse é um exemplo de "tetralema": a forma lógica dos argumentos de Nāgārjuna.

O fascínio do pensamento de Nāgārjuna vai além das questões da física moderna. Sua perspectiva tem algo de impressionante. Combina com o melhor de muitas vertentes da filosofia ocidental, clássica e recente. Com o ceticismo radical de Hume, com o desmascaramento das perguntas mal formuladas que nos permite o pensamento de Wittgenstein. Mas tenho a impressão de que Nāgārjuna não cai na armadilha em que se veem enredadas muitas linhas da filosofia ao postular pontos de partida que com o tempo sempre acabam se mostrando pouco convincentes. Ele fala da realidade, da sua complexidade e da sua compreensibilidade, mas nos defende da armadilha conceitual de querer encontrar um fundamento último para ela.

Não há nele extravagância metafísica: há sobriedade. Reconhecer que a questão de saber qual é o fundamento último de tudo é uma questão que, simplesmente, poderia não ter sentido.

Isso não elimina a possibilidade de indagar. Ao contrário, a liberta. Nāgārjuna não é um niilista que nega a realidade do mundo, tampouco um cético que afirma que não podemos saber nada da realidade. O mundo dos fenômenos é um mundo que podemos investigar e compreender cada vez melhor. Encontrar suas características gerais. Mas é um mundo de interdependências e de contingências, não um mundo que vale a pena procurar fazer com que derive de um Absoluto.

Creio que um dos grandes erros dos seres humanos ao tentar compreender alguma coisa é querer certezas. A busca do conhecimento não se alimenta de certezas: alimenta-se de uma radical ausência de certezas. Graças à aguda consciência da nossa ignorância, estamos abertos à dúvida e podemos aprender cada vez melhor. Essa sempre foi a força do pensamento científico, pensamento da curiosidade, da revolta, da mudança. Não há um eixo, um ponto fixo final, filosófico ou metodológico, ao qual ancorar a aventura do conhecimento.

Existem inúmeras interpretações diferentes do texto de Nāgārjuna. A multiplicidade de possíveis leituras testemunha a vitalidade de um texto antigo e sua capacidade de nos dizer alguma coisa. O que nos interessa, mais uma vez, não é saber o que efetivamente pensava o prior de um mosteiro na Índia de quase dois milênios atrás — isso é problema dele. O que nos interessa é a força das ideias que hoje emana das linhas que deixou; o quanto estas, enriquecidas por gerações de comentários, podem nos abrir novos espaços de pensamento, entrelaçando-se com a nossa cultura e o nosso saber. A cultura é isto: um diálogo interminável que nos enriquece nutrindo-nos de experiências, saber e, sobretudo, trocas.

Eu não sou filósofo, sou físico: um *reles mecânico*. A este *vil mecânico*, que se ocupa dos quanta, Nāgārjuna ensina que posso pensar as manifestações dos objetos físicos sem me perguntar o que é o objeto físico independentemente das suas manifestações.

Mas a vacuidade de Nāgārjuna também alimenta uma atitude ética profundamente reconfortante: compreender que não existimos como entidades autônomas ajuda-nos a nos libertar do apego e do sofrimento. Precisamente por sua impermanência, pela ausência de qualquer Absoluto, a vida tem sentido e é preciosa.

A mim, como ser humano, Nāgārjuna ensina a serenidade, a leveza e a beleza do mundo: não passamos de imagens de imagens. A realidade, inclusive nós mesmos, é apenas um tênue e frágil véu, além do qual... não há nada.

VI

Para a natureza, é um problema já resolvido.

Onde divago um pouco e me pergunto onde moram os pensamentos. E se a nova física não muda um pouco os termos da *vexata quaestio*.

Simples matéria?

So, however mysterious the mind-body problem may be for us, we should always remember that it is a solved problem for nature.[*1]

É com tristeza que eventualmente passo algumas horas na internet lendo ou ouvindo o amontoado de bobagens que se escondem sob o nome "quântico". Medicina quântica, teorias holísticas quânticas de todos os tipos, espiritualismos quânticos mistificadores e assim por diante, um inacreditável desfile de asneiras.

As piores são as médicas. Vez ou outra recebo algum e-mail alarmado: "Minha irmã está se tratando com um médico quântico. O que o senhor pensa disso, professor?". Penso as piores coisas do mundo, trate de colocar sua irmã a salvo o mais rápido possível. Tudo o que envolve medicina deveria ser objeto de lei. Cada um tem o direito de se tratar do jeito que achar melhor, mas

* "Por mais misterioso que seja o problema corpo-mente para nós, temos sempre de nos lembrar que, para a natureza, é um problema resolvido." (N. T.)

ninguém tem o direito de enganar o próximo com charlatanismos que podem custar a vida.

Alguém me escreve: "Tenho a sensação de que já vivi este instante. Esse é um efeito quântico, professor?". Santa paciência, não! O que a complexidade da nossa memória e dos nossos pensamentos tem a ver com os quanta? Nada, nada de nada! A mecânica quântica não tem nada a ver com fenômenos paranormais, medicinas alternativas, ondas que nos carregam e misteriosas vibrações.

Que fique claro, eu adoro as boas vibrações. Também usei cabelos compridos presos por uma faixa vermelha, e quando jovem entoei o Om sentado de pernas cruzadas ao lado de nada mais, nada menos que Allen Ginsberg. Mas a delicada complexidade da relação emotiva entre nós e o universo tem a ver com as ondas ψ da teoria quântica tanto quanto uma cantata de Bach tem a ver com o carburador do meu carro.

O mundo é suficientemente complexo para explicar a magia da música de Bach, as boas vibrações e nossa profunda vida espiritual sem nenhuma necessidade de recorrer às estranhezas dos quanta.

Ou, se quiserem, o contrário: a realidade dos quanta é muito *mais* estranha que todos os delicados, misteriosos, encantadores e intricados aspectos da nossa realidade psicológica e da nossa vida espiritual. A meu ver, as tentativas de usar a mecânica quântica para explicar fenômenos complexos que compreendemos pouco, como o funcionamento da mente, nada têm de convincentes.

No entanto, mesmo que distante da nossa experiência cotidiana direta, a descoberta da natureza quântica do mundo é radical demais para não ter *nenhuma* relevância para os grandes problemas abertos, como a natureza da mente, precisamente. Não porque a mente ou outros fenômenos que ainda compreendemos pouco sejam fenômenos quânticos, mas porque a descoberta dos quanta muda os termos da questão, porque modifica a nossa concepção do mundo físico e da matéria.

Este livro apoia-se na convicção de que nós, criaturas humanas, somos parte da natureza. Somos um caso particular entre tantos fenômenos naturais, nenhum dos quais foge às grandes leis naturais que conhecemos. Mas quem nunca se perguntou: "Se o mundo é feito de simples matéria, partículas em movimento no espaço, como é possível que existam os meus pensamentos, as minhas percepções, a minha subjetividade, o valor, a beleza, o significado?". Como a "simples matéria" faz para produzir cores, emoções e a sensação viva e ardente que tenho de existir? Como faz para conhecer e aprender, emocionar-se, admirar-se, ler um livro e chegar a se perguntar como funciona a própria matéria?

A mecânica quântica não nos dá respostas diretas para essas perguntas. Não vejo nenhuma explicação quântica para subjetividade, percepções, inteligência, consciência ou outros aspectos da vida mental. Fenômenos quânticos intervêm na dinâmica dos átomos, dos fótons, dos impulsos eletromagnéticos e das tantas outras estruturas microscópicas que dão lugar ao nosso corpo, mas não há nada de especificamente quântico que nos ajude a compreender o que são pensamentos, percepções ou subjetividades. Esses são aspectos que envolvem o funcionamento do cérebro em ampla escala: ou seja, precisamente onde a interferência quântica se perde no ruído da complexidade. A teoria dos quanta não nos ajuda diretamente a compreender a mente.

Mas *indiretamente* nos ensina algo de relevante, porque altera os termos da questão.

Ela nos ensina que a origem da confusão poderia até estar em intuições erradas que temos não apenas da natureza da consciência (onde as nossas intuições certamente são equivocadas), mas também, e de maneira crucial, sobre o que é e como funciona a "simples matéria".

É difícil imaginar como nós, seres humanos, podemos ser feitos *apenas* de pequenas pedras que se equilibram umas sobre a outras. Mas, olhando de perto, uma pedra é um vasto mundo: uma galáxia de entidades quânticas rutilantes onde flutuam probabilidades e interações. O que chamamos de "pedra", por outro lado, é uma estratificação de significados nos nossos pensamentos, evocados pela interação entre nós e aquela galáxia de puntiformes eventos físicos relativos. A "simples matéria" se desagrega em estratos complexos e de repente nos parece menos simples. O hiato entre a simples matéria e a evanescente manifestação de nosso espírito talvez pareça um pouco menos intransponível.

Se o grão fino do mundo é feito de partículas materiais que têm apenas massa e movimento, parece difícil reconstruir a partir desse grão amorfo a complexidade que somos nós, que percebemos e pensamos. Mas se o grão fino do mundo é mais bem descrito em termos de relações, se nenhuma coisa tem propriedades a não ser em relação a outras coisas, talvez *nesta* física possamos encontrar mais facilmente elementos capazes de se combinar de maneira compreensível para servir de base para aqueles fenômenos complexos que chamamos as nossas percepções e a nossa consciência. Se o mundo físico é tecido pela trama sutil de imagens de espelhos que se refletem em outros espelhos, sem o fundamento metafísico de uma substância material, talvez seja mais fácil nos reconhecer como parte dele.

Alguém sugeriu que existe algo de psíquico em todas as coisas. O argumento é que, como somos conscientes e somos feitos de prótons e elétrons, então elétrons e prótons já deveriam ter uma espécie de protoconsciência.

A meu ver, esse "pampsiquismo" e esse argumento não são convincentes. É como dizer que, como uma bicicleta é feita de átomos, então cada átomo deve ser protociclístico. Nossa vida mental precisa da existência de neurônios, dos órgãos dos sentidos, do nosso corpo, da complexa elaboração de informação que ocorre em nosso cérebro: com certeza, sem tudo isso, nossa vida mental não existe.

Mas não é preciso atribuir uma protoconsciência aos sistemas elementares para evitar a indiferença da simples matéria. É suficiente ter observado que o mundo é mais bem descrito por variáveis relativas e por suas correlações. Isso talvez nos permita sair da prisão da oposição radical entre objetividade da matéria e vida mental. A rígida distinção entre mundo mental e mundo físico se atenua. Podemos tentar considerar ambos, fenômenos mentais e físicos, como fenômenos naturais: ambos são produtos de interações entre partes do mundo físico.

Neste, que é o último capítulo do livro antes da conclusão, tento propor discretamente algumas sugestões nessa difícil direção.

O que significa "significado"?

Nós, bichinhos humanos, vivemos num mundo de significados. As palavras da língua "significam". "Gato" significa um gato. Nossos pensamentos "significam": ocorrem em nosso cérebro, mas, se pensamos num tigre, referimo-nos a algo que não está em nosso cérebro — o tigre pode estar no mundo. Se você, leitor, está lendo este livro, vê as imagens das linhas brancas e pretas no papel ou numa tela. "Ver" é algo que acontece em seu cérebro, mas você vê as linhas "fora" de você. Em seu cérebro se desenvolve um processo que se refere às linhas no papel. Estas, por sua vez, têm significado: referem-se aos meus pensamentos enquanto escrevo, que por sua vez se referem a um imaginário você que está lendo...

Um nome técnico para o "referir-se a alguma coisa" dos nossos processos mentais (promovido pelo filósofo e psicólogo alemão Franz Brentano) é "intencionalidade". A intencionalidade é um aspecto importante do conceito de significado e de grande parte da nossa vida mental. Há uma estreita relação entre o que acontece nos pensamentos e o que acontece em qualquer sentido "fora" dos pensamentos e que os pensamentos podem *significar*. Há uma relação estreita entre a palavra "gato" e um gato. Entre uma placa de trânsito e o que ela *significa*.

Não parece haver nada disso no mundo natural. Um evento físico por si só não significa nada. Um cometa viaja respeitando as leis de Newton, mas sem ler placas de trânsito...

Se somos parte da natureza, esse mundo de significados deve poder emergir do mundo físico. Como? O que é o mundo dos significados em termos puramente físicos?

Dois conceitos nos aproximam de uma resposta, embora nenhum dos dois, por si só, seja suficiente para compreender o que é o significado em termos físicos: *informação* e *evolução*.

Na teoria da informação de Shannon, *informação* é apenas a contagem do número de possíveis estados de alguma coisa. Um pen drive tem uma quantidade de informação, expressa em bits ou em gigabytes, que nos diz de quantas maneiras diferentes podemos dispor da sua memória. O número de bits não sabe o que *significa* o que está na memória, não sabe nem sequer se o que está na memória *significa* alguma coisa ou é ruído.

Shannon define também a noção de "informação relativa", que é a que usei nos capítulos precedentes: uma medida da *correlação* física entre duas variáveis. Duas variáveis, lembre-se, têm "informação relativa" se podem estar em menos estados que o produto do número de estados em que cada uma pode estar. O lado das duas moedas coladas na mesma folha de plástico rígido é correlato: as duas moedas "têm informação uma sobre o lado da outra".

Essa noção de "informação relativa" é puramente física. É também central para a descrição do mundo físico, se levamos em conta sua estrutura quântica: a informação relativa é a consequência direta das interações que tecem o mundo. Como o significado, a informação relativa une duas coisas diferentes. Mas não é suficiente para nos fazer compreender, em termos físicos, o que é o significado: o mundo está repleto de correlações, mas a grande maioria delas não *significa* nada. Falta alguma coisa para compreender o que é o significado.

A descoberta da *evolução* biológica, por outro lado, nos permitiu unir conceitos que usamos quando falamos de coisas animadas e conceitos que usamos para o resto da natureza. Em especial, esclareceu a origem biológica e, em última análise física, de noções como "utilidade" e "relevância".

A biosfera é formada por estruturas e processos *úteis* à continuação da vida: temos pulmões *para* respirar e olhos *para* ver. A descoberta de Darwin é que compreendemos por que essas estruturas existem invertendo a ordem de causa-efeito entre sua utilidade e sua existência: a função (ver, comer, respirar, digerir... contribuir para a vida) não é *o objetivo* das estruturas. É o contrário: os seres vivos sobrevivem *porque* essas estruturas existem. Não amamos para viver: vivemos porque amamos.

A vida é um processo bioquímico que se desenvolve na superfície da Terra e dissipa a abundante energia livre (baixa entropia) que transborda da luz do sol que inunda o planeta. É constituída por indivíduos que interagem com o que os cerca, formados por estruturas e processos que se autorregulam, mantendo equilíbrios dinâmicos que persistem no tempo. Mas estruturas e processos não estão ali *para que* os organismos sobrevivam e se reproduzam. É o contrário: os organismos vivos sobrevivem e se reproduzem *porque* essas estruturas cresceram gradualmente nos que sobreviveram e se reproduziram. Eles se reproduzem e povoam a Terra *porque* são funcionais.

A ideia remonta ao menos a Empédocles, como ressalta Darwin em seu belíssimo livro.[1] Na *Física*, Aristóteles nos conta que Empédocles sugeriu que a vida é o resultado da formação casual de estruturas, decorrente da combinação normal das coisas. A maior parte dessas estruturas morre rapidamente, exceto as que têm características aptas para sobreviver: estas são os organismos vivos.[2] Aristóteles objeta que vemos os novilhos nascerem bem estruturados: não os vemos nascer de qualquer forma e sobrevivem apenas os adequados.[3] Mas hoje se tornou claro que, transposta dos indivíduos para as espécies e enriquecida pelo que aprendemos sobre herança e genética, a ideia de Empédocles é substancialmente correta.

Darwin esclareceu a importância fundamental da variabilidade das estruturas biológicas, que permite continuar a explorar o infinito espaço das possibilidades; e da seleção natural, que permite ter acesso a regiões cada vez mais extensas desse espaço, onde se encontram estruturas e processos cada vez mais capazes, *juntos*, de persistir. A biologia molecular ilustra o mecanismo concreto com que isso ocorre.

O ponto que me interessa aqui é que ter compreendido tudo isso não elimina o sentido de conceitos como "utilidade" e "relevância". Ao contrário, esclarece a origem deles, a maneira como estão arraigados no mundo físico: são as características daqueles fenômenos naturais que *de fato* dão lugar à sobrevivência.

Essas ideias são ótimas, mas elas tampouco nos explicam como o conceito de "significado" pode emergir do mundo natural. "Significado" tem conotações intencionais que não parecem ligadas a variabilidade e seleção. O significado de "significado" deve fundamentar-se em alguma outra coisa.

Um pequeno milagre acontece, porém, quando as duas ideias, informação e evolução, se combinam.

A informação desempenha diversos papéis em biologia. Estruturas e processos se reproduzem iguais a si mesmos por centenas de milhões, às vezes bilhões, de anos, alterados apenas pela lenta deriva da evolução. O principal meio dessa estabilidade são as moléculas de DNA, que permanecem amplamente semelhantes às que vieram antes delas. Isso implica que existem *correlações*, isto é, *informação relativa*, através das eras. As moléculas de DNA codificam e transmitem a informação. Essa estabilidade informática talvez seja o aspecto característico da matéria viva.

Mas existe uma outra maneira pela qual a informação é relevante em biologia: nas correlações entre interno e externo de um organismo. A maior parte dessas correlações não tem relevância para o organismo. O estado de uma molécula em meu cérebro é correlato a uma estrela distante por um raio cósmico absorvido: essa correlação é irrelevante para minha vida. No entanto, existem correlações relevantes para a vida no sentido, acima mencionado, em que a teoria de Darwin permite definir a relevância: favorecem a sobrevivência e a reprodução.

Vejo uma pedra que está caindo na minha direção.[4] Se me desvio, sobreviverei. O fato de me desviar não é misterioso, é explicado pela teoria de Darwin: os que não se desviavam morreram esmagados, eu sou um descendente dos que se desviam. Mas, para poder me desviar, meu corpo precisa saber de que maneira a pedra está vindo sobre mim. Para que o saiba, deve existir uma *correlação* física entre uma variável física dentro de mim e o estado físico da pedra. Essa correlação existe, óbvio, porque o sistema visual faz exatamente isto: correlaciona o ambiente circundante com processos neurais no cérebro. Entre externo e interno existem correlações de todos os tipos, mas *esta* tem uma característica particular: se não existisse, se não fosse adequada, eu seria morto pela pedra. A correlação entre interno e externo que liga o estado da pedra aos neurônios do meu cérebro é diretamente *relevante* em sentido darwiniano: sua presença ou ausência influi na minha sobrevivência.

Uma bactéria dispõe de uma parede celular capaz de detectar gradientes de glicose de que a bactéria se alimenta, cílios capazes de fazê-la nadar, e um mecanismo bioquímico que a leva na direção em que há mais glicose. A bioquímica da parede determina uma correlação entre a distribuição de glicose e o estado bioquímico interno, que por sua vez determina a direção para a qual a bactéria nada. A correlação é relevante: se se interrompe, diminui a possibilidade de sobrevivência da bactéria, que fica sem alimentação. É uma correlação física com valor de sobrevivência.

A existência de tais correlações relevantes indica a possível origem física da noção de significado: a informação relativa relevante. Informação relativa no sentido (físico) de Shannon, relevante no sentido (biológico, portanto em última análise ainda físico) de Darwin. Este é um sentido preciso em que podemos dizer que a sua informação sobre a concentração de açúcar tem *significado* para a bactéria. Ou então que o pensamento do tigre em meu cérebro, ou seja, da correspondente configuração neuronal, *significa* precisamente o tigre.

Assim definida, a noção de informação relevante é puramente física, mas é intencional no sentido de Brentano. É uma conexão entre alguma coisa (interna) e alguma outra coisa (em geral externa). Traz consigo naturalmente uma noção de "verdade" ou "correção": em qualquer situação particular, o estado interno da bactéria pode codificar o gradiente de glicose corretamente ou não. Há, portanto, muitos ingredientes necessários para caracterizar o "significado".

Obviamente, falamos de "significado" em contextos muito diversificados, que em geral não têm relevância direta para a sobrevivência. Uma poesia é repleta de significado, mas lê-la não parece ajudar minhas probabilidades de sobreviver ou de me reproduzir (bem, talvez uma ou outra: uma garota poderá se apaixonar pelo meu espírito romântico...). Todo o espectro do que chamamos "significado" em lógica, psicologia, linguística, ética etc. não se reduz à informação *diretamente* relevante. No entanto, esse rico espectro desenvolveu-se na história biológica e cultural da nossa espécie *a partir de* alguma coisa que tem raízes físicas, a que se acrescentaram as articulações próprias da nossa enorme complexidade neural, social, linguística, cultural etc. Esta "alguma coisa" é a informação relativa relevante.

A noção de informação relevante, em outras palavras, não é toda a corrente entre a física e o significado no mundo mental, mas é o primeiro elo, o difícil. É o primeiro passo entre o mundo físico, onde não existe nada que corresponda à noção de significado, e o mundo da mente, cuja gramática é feita de significados e sinais que têm significado. Acrescentando as articulações e os contextos que nos caracterizam — o cérebro e sua capacidade de lidar com conceitos, ou seja, processos que têm significado, suas integrações emocionais, sua capacidade de se correlacionar com os processos mentais alheios, e recursivamente aos seus próprios, a linguagem, a sociedade, as normas etc. —, obtemos algo que pouco a pouco nos aproxima cada vez mais das diversas noções, mais completas, de significado.

Uma vez encontrada a primeira ligação entre noções físicas e significados, de fato, o restante segue recursivamente: qualquer correlação que contribua para a informação *diretamente* relevante é igualmente significativa e assim por diante, de maneira recursiva. A evolução evidentemente se serviu de tudo isso.

De um lado, essas observações esclarecem por que se pode falar de significado apenas no âmbito de processos biológicos ou de origem biológica. Por outro lado, fixam a noção de significado no mundo físico: é um de seus inúmeros aspectos. Mostram-nos que a noção de significado não é externa ao mundo natural. Pode-se falar de intencionalidade sem sair do âmbito do naturalismo. O significado correlaciona uma coisa a alguma outra coisa, é uma ligação física e desenvolve um papel biológico. É o que faz de um elemento da natureza um sinal de alguma outra coisa, relevante para nós.

E chego finalmente ao ponto principal: se pensamos o mundo físico nos termos de simples matéria com propriedades variáveis, as correlações entre essas propriedades são fatos acessórios. Parece necessário acrescentar algo de alheio à matéria para poder falar dela. Mas a descoberta da natureza quântica da realidade é a descoberta de que a própria natureza do mundo físico é compreensível como uma rede de correlações: como informação recíproca, precisamente no sentido físico de correlação. As coisas da natureza não são conjuntos de elementos isolados, cada qual com suas propriedades, num desdenhoso individualismo. Significado e intencionalidade, entendidos como acima, são apenas casos particulares, em âmbito biológico, da ubiquidade das correlações. Há continuidade entre o mundo dos significados da nossa vida mental e o mundo físico. Ambos são relações.

A distância entre a maneira como pensamos o mundo físico e a maneira como pensamos esse aspecto do mundo mental diminui.

O fato de um objeto ter *informação* sobre outro objeto pode querer dizer coisas distintas, dependendo do contexto. A existência de informação relativa entre dois objetos significa que se observo os dois objetos, encontro correlações: "Você tem informação sobre a cor do céu de hoje" significa que, se lhe pergunto a cor do céu e depois olho para ele, percebo que o que você me disse corresponde ao que vejo e que, portanto, há correlação entre você e o céu. Em última análise, o fato de dois objetos (você e o céu) terem informação relativa é algo que diz respeito a um terceiro objeto (eu, que observo os dois). Lembro que a informação relativa é uma dança a três, como o emaranhamento.

Mas se um objeto (você) é suficientemente complexo para fazer cálculos e previsões (como um animal, um ser humano, uma máquina construída pela nossa tecnologia...), o fato de "ter informação" no sentido mencionado implica *também* ter recursos para poder fazer previsões sobre o resultado de interações subsequentes: se você tem informação sobre a cor do céu e fecha os olhos, pode *prever* o que verá ao reabri-los, mesmo antes de olhar. Você tem informação sobre a cor do céu num sentido muito mais forte que a palavra "informação": sabe o que verá antes de ver.

Em outras palavras, a noção elementar de informação relativa é a estrutura física em que se apoiam todas as noções de informações mais complexas, que têm, agora sim, valor semântico.

Entre elas está a noção de informação que se refere ao nosso estudo do restante do mundo físico, sendo nós mesmos partes desse mundo.

Uma visão de mundo, uma teoria do mundo, para ser coerente, deve poder justificar e explicar como os habitantes de tal mundo chegam a tal visão, a tal leitura.

Essa condição, que muitas vezes é vista como a dificuldade do materialismo ingênuo, é imediatamente satisfeita se pensamos a matéria como interações e correlações.

Meu conhecimento do mundo é um exemplo do resultado de interações que geram informações significativas. É uma correlação entre o mundo externo e minha memória. Se o céu é azul, na minha memória há a imagem de um céu azul. Minha memória tem, portanto, os recursos para me permitir prever a cor do céu se fecho os olhos e volto a abri-los logo depois. Nesses termos, tem informação do céu *também* em sentido semântico. Sabemos o que *significa* o fato de o céu ser azul: o reconhecemos ao reabrir os olhos.

Esse é o sentido de "informação" usado nos postulados da mecânica quântica no final do capítulo IV.

É o duplo significado de "informação" que dá ao conceito o seu caráter ambíguo. A base que temos para compreender o mundo é a nossa informação sobre o mundo, que é uma correlação, de que nos servimos, entre nós e o mundo.

O mundo visto de dentro

A noção de informação significativa conjuga o mundo físico com alguns aspectos do mundo mental, mas não resolve a impressão de distância entre esses dois mundos. No entanto, há outra coisa que vem em nossa ajuda graças ao radical repensar da realidade a que nos obriga a teoria quântica.

O problema da distância entre o mundo mental e o físico às vezes nos parece intuitivamente claro, mas é muito difícil de delinear com precisão. Nosso mundo mental tem tantos aspectos diferentes — significado, intencionalidade, valores, finalidades, emoções, senso estético, senso moral, intuição matemática, percepções, criatividade, consciência... Nossa mente faz tantas coisas — lembra, antecipa, reflete, deduz, se emociona, se indigna, sonha, tem esperança, vê, se expressa, fantasia, reconhece, conhece, se dá conta de que existe... Tomadas uma a uma, muitas das atividades do nosso cérebro não parecem tão distantes daquilo que, com maior ou menor facilidade, pode fazer um dispositivo físico suficientemente complicado. Mas será que também existe algo que *não pode* emergir da física que conhecemos?

Num artigo que se tornou famoso, David Chalmers dividiu o

problema da consciência em duas partes, que chamou o problema "fácil" e o problema "difícil" (estes muitas vezes são designados com os termos em inglês: *the easy and the hard problems of consciousness*).[1] O problema que Chalmers chama "fácil" nada tem de fácil: é como nosso cérebro funciona; ou seja, como dá lugar aos diversos comportamentos que associamos à nossa vida mental. O problema que ele denomina "difícil" é compreender o que é a sensação subjetiva que acompanha tudo isso.

Chalmers considera plausível que o problema "fácil" seja resolvido no âmbito da atual concepção física do mundo, mas duvida da possibilidade de fazer o mesmo com o problema "difícil". Para esclarecer esse ponto, pede-nos para imaginar uma máquina, que chama de "zumbi", capaz de reproduzir todos os comportamentos de um ser humano que podem ser observados (até com um microscópio); em suma, que seja indistinguível de um ser humano por qualquer tipo de observação *externa*, mas que não tenha experiência subjetiva. "Dentro da qual", como diz Chalmers, "não há ninguém." O simples fato de que possamos conceber essa possibilidade mostraria que existe "algo mais" que distingue um ser humano de um hipotético zumbi que reproduz todos os seus comportamentos observáveis. De acordo com Chalmers, esse "algo mais" identifica a dificuldade de explicar a experiência subjetiva nos termos da atual concepção do mundo físico. Para ele, esse seria o verdadeiro problema da consciência.

As neurociências estão dando passos notáveis na compreensão do funcionamento dos sentidos, da memória, da capacidade do cérebro de se localizar no espaço, da produção da linguagem, da formação das emoções, do papel delas etc. Tudo isso e outras coisas provavelmente serão esclarecidas. Sobrará algo que nos escapa? Chalmers afirma que sim, porque o "problema difícil" não é entender como funcionam as atividades cerebrais:

é compreender por que essas atividades são acompanhadas pela correspondente sensação subjetiva que percebemos quando elas ocorrem. Em outras palavras, para compreender a relação entre nossa vida mental e o mundo físico é essencial levar em conta que nós descrevemos o mundo físico desde fora, enquanto experimentamos pessoalmente as nossas atividades cerebrais/mentais.

O repensar do mundo a que nos obrigam os quanta muda os termos da questão. Se o mundo é relação, se compreendemos a realidade física em termos de fenômenos que se manifestam para sistemas físicos, então não existe descrição do mundo desde fora. As descrições do mundo possíveis são, em última análise, *todas* do seu interior. Em última análise, são todas "pessoais". Nossa perspectiva sobre o mundo, nosso ponto de vista de seres situados dentro do mundo ("*situated self*", como argumenta Jenann Ismael),[2] não é especial: apoia-se na mesma lógica que nos é sugerida pela física.

Se imaginamos a totalidade das coisas, estamos imaginando que estamos *fora* do universo e olhando "de lá". Mas não existe um "fora" da totalidade das coisas. O ponto de vista de fora é um ponto de vista que não existe.[3] Toda descrição do mundo é feita de dentro dele. O mundo visto de fora não existe: existem apenas perspectivas internas ao mundo, parciais, que se refletem mutuamente. O mundo *é* essa recíproca reflexão de perspectivas.

A física dos quanta nos mostra que isso já ocorre para as coisas inanimadas. O conjunto das propriedades relativas a um mesmo objeto forma uma perspectiva. Se fazemos abstração de toda perspectiva, não reconstruímos a totalidade dos fatos: encontramo-nos num mundo sem fatos, porque os fatos são apenas fatos relativos. É precisamente essa a dificuldade da interpretação de muitos mundos da mecânica quântica: descreve apenas o que um observador externo ao mundo deveria esperar se interagisse com o mundo, mas não existem observadores externos ao mundo, portanto não descreve os fatos do mundo.

Thomas Nagel, num artigo famoso,[4] pergunta "Como é se sentir um morcego?" para afirmar que perguntas como essa são bem colocadas, mas fogem à ciência natural. O erro é assumir que a física é a descrição das coisas em terceira pessoa. É o contrário: a perspectiva relacional mostra que a física é sempre a descrição da realidade em primeira pessoa, de uma perspectiva. Qualquer descrição é implicitamente do interior do mundo, de um ponto de vista associado a um sistema físico.

As ideias sobre a natureza da mente em geral se limitam a apenas três alternativas: o dualismo, segundo o qual a realidade da mente é totalmente diferente da realidade das coisas inanimadas; o idealismo, segundo o qual a realidade material só existe na mente; e o materialismo ingênuo, segundo o qual todos os fenômenos mentais são redutíveis ao movimento da matéria. Dualismo e idealismo são incompatíveis com o que aprendemos sobre o mundo nos últimos séculos, particularmente com a descoberta de que nós, seres sencientes, somos uma parte da natureza como as outras. São incompatíveis com a evidência sempre crescente de que tudo o que conhecemos, inclusive nós, segue as leis naturais já conhecidas. O materialismo ingênuo, por outro lado, parece intuitivamente difícil de conciliar com a realidade da experiência subjetiva.

Mas não há apenas essas alternativas. Se as qualidades de um objeto nascem da interação com alguma outra coisa, a distinção entre fenômenos mentais e fenômenos físicos se atenua muito. Tanto as variáveis físicas como o que os filósofos da mente chamam "qualia", ou seja, fenômenos mentais elementares como "vejo vermelho", podem ser fenômenos naturais mais ou menos complexos.

A subjetividade não é um salto qualitativo em relação à física: exige um aumento de complexidade (Bogdanov diria de "organização"), mas sempre num mundo que é feito de perspectivas, desde o nível mais elementar.

Parece-me, portanto, que, quando nos perguntamos sobre a relação entre o "eu" e a "matéria", estamos usando dois conceitos igualmente confusos, e é essa a origem da confusão em torno das questões sobre a natureza da consciência.

Quem é o "eu" que experimenta a sensação de sentir, senão o conjunto integrado dos nossos processos mentais? Sem dúvida, temos uma intuição de unidade quando pensamos em nós mesmos, mas esta é justificada simplesmente pela integração do nosso corpo e pela maneira como funcionam os processos mentais, em que a parte que chamamos consciente faz uma coisa por vez. A meu ver, o primeiro termo do problema, o "eu", é o resquício de uma metafísica equivocada: o resultado do erro frequente de confundir uma entidade com um processo. Mach é apodíctico: "Das Ich ist unrettbar": "o eu não pode ser salvo". Perguntar-se o que é a consciência depois de ter desvendado seus processos neurais é como se perguntar o que é um temporal depois de ter compreendido sua física: uma pergunta sem sentido. Acrescentar um "possuidor" das sensações é como acrescentar Júpiter ao fenômeno do temporal. É como dizer que, depois de ter compreendido a física do temporal, resta ainda, na linguagem de Chalmers, o "problema difícil" de vinculá-lo com a ira de Júpiter.

É verdade que temos a "intuição" de uma entidade independente que é o eu. Mas, se é por isso, tínhamos também a "intuição" de que por trás dos temporais estava Júpiter... E que a Terra era plana. Não é sobre "intuições" acríticas que construímos uma compreensão eficaz do mundo. A introspecção é o pior instrumento de pesquisa, se estamos interessados na natureza da mente: é ir buscar os próprios preconceitos mais arraigados e chafurdar neles.

Mas é sobretudo o segundo termo da questão, a "simples matéria", o resquício de uma metafísica equivocada, a metafísica baseada numa concepção demasiado ingênua de matéria: a matéria como substância universal definida apenas por massa e movimento. É uma metafísica equivocada porque é refutada pela física quântica.

Se pensamos em termos de processos, eventos, em termos de propriedades *relativas*, de um mundo de relações, o hiato entre fenômenos físicos e mentais é muito menos dramático. Podemos ver ambos como fenômenos naturais gerados por complexas estruturas de interação.

Nosso saber sobre o mundo se articula em ciências diferentes, mais ou menos ligadas entre si. Nessa relação entre os componentes do nosso conhecimento, a física desempenha um papel que os quanta em parte esvaziaram, em parte enriqueceram. A pretensão do mecanicismo setecentista de esclarecer a substância fundamental na base de tudo desapareceu; em contrapartida, aumentou a compreensão da gramática do real talvez desconcertante, porém mais rica e sutil, que nos permite pensar o mundo de maneira mais articulada.

O mundo é uma rede de informação recíproca no nível físico mais elementar. A informação que se torna significativa no âmbito do mecanismo darwiniano tem sentido para nós. Ὁ κόσμος ἀλλοίωσις, ὁ βίος ὑπόληψις. O cosmos é mudança, a vida é discurso, recita o fragmento 115 de Demócrito. O cosmos é interação, a vida organiza informação relativa. Somos um bordado delicado e complexo da rede de relações de que, ao menos pelo que hoje compreendemos, é constituída a realidade.

Se olho uma floresta de longe, vejo um veludo verde-escuro. Quando me aproximo, o veludo se desfaz em troncos, galhos e ramos. A casca das árvores, o musgo e os insetos estão repletos de complexidade. Em cada olho de cada joaninha há uma estrutura elaboradíssima de células, ligadas a neurônios que a guiam para viver. Cada célula é uma cidade, cada proteína é um castelo de átomos; no núcleo de cada átomo se agita um inferno de dinâmica quântica, redemoinham quarks e glúons, excitações de campos quânticos. E esse é apenas um pequeno bosque de um pequeno planeta que gira em torno de uma estrelinha, entre 100 bilhões de estrelas de uma entre trilhões de galáxias consteladas de eventos cósmicos deslumbrantes. Em qualquer canto do universo encontramos vertiginosos poços de estratos de realidade.

Nesses estratos conseguimos reconhecer regularidades, sobre as quais reunimos informação relevante para nós, que nos permite construir uma imagem coerente de cada estrato. Cada um deles é uma aproximação. A realidade não é dividida em níveis. Os níveis em que a decompomos, os objetos em que a dividimos, são as maneiras como a natureza se correlaciona em nós, naquelas configurações dinâmicas de eventos físicos em nosso cérebro que chamamos de conceitos. A separação da realidade em níveis é relativa ao nosso modo de interagir com ela.

A física fundamental não é uma exceção. A natureza segue sempre as suas leis simples, mas a complexidade das coisas torna as leis gerais irrelevantes. Saber que minha namorada obedece às equações de Maxwell não me ajuda a deixá-la feliz. Para aprender como funciona um motor é melhor ignorar as forças nucleares entre suas partículas elementares. Há uma autonomia e independência dos níveis de compreensão do mundo que justifica a autonomia dos saberes. Nesse sentido, a física elementar é muito mais inútil do que um físico gosta de imaginar.

Mas não existem verdadeiras rupturas: as bases da química são compreensíveis em termos de física, as bases da bioquímica em termos de química, as bases da biologia em termos de bioquímica, e assim por diante. Compreendemos bem algumas articulações, outras não. As rupturas são as nossas lacunas de compreensão. É esse o sentido da pergunta sobre as bases físicas da noção de significado.

A perspectiva relacional nos afasta dos dualismos sujeito/objeto, matéria/espírito e da aparente irredutibilidade do dualismo realidade/pensamento ou cérebro/consciência. Se chegamos a esclarecer os processos que se desenvolvem no interior do nosso corpo e suas relações com o mundo externo, o que resta para compreender? Esses processos envolvem o nosso corpo e o externo, são reações e elaborações de correlações entre o nosso corpo e o ambiente. São processos entre o externo e o interno (e entre o interno e o interno) do nosso corpo. Que outra coisa pode ser a fenomenologia da nossa consciência senão o nome que esses processos atribuem a si mesmos, no jogo de espelhos das informações relevantes contidas nos sinais transmitidos por nossos neurônios?

Isso obviamente não resolve o problema de compreender como a mente funciona. Permanece o que Chalmers chama o problema "fácil", que nada tem de fácil, e está bem longe de estar resolvido. Ainda entendemos muito pouco sobre o funcionamento do cérebro. Mas estamos entendendo mais, sem sair das leis naturais conhecidas. E não há motivo para imaginar que na nossa vida mental deva existir algo que não seja compreensível nos termos das leis naturais conhecidas.

Observando bem, as objeções contra a possibilidade de compreender a nossa vida mental nos termos das leis naturais conhecidas se reduzem apenas a uma genérica repetição "me parece implausível", baseada em intuições sem argumentos para sustentá-las.* Se não à infeliz esperança de sermos constituídos de alguma etérea substância imaterial que continue viva após a morte: perspectiva que, além de (esta sim!) totalmente implausível, acho assustadora.

Como escreve o filósofo norte-americano Erik Banks na epígrafe que inicia este capítulo, "por mais misterioso que seja o problema corpo-mente para nós, temos sempre de nos lembrar que, para a natureza, esse é um problema resolvido. Tudo o que nos resta a fazer é entender como ela fez isso".

* Um exemplo dessa atitude é Thomas Nagel, *Mind and Cosmos: Why the Materialist Neo-Darwinian Conception of Nature is Almost Certainly False* (Oxford: Oxford University Press, 2012): o livro repete de maneira obsessiva "não me parece possível, não me parece possível", mas a uma leitura atenta não oferece nenhum argumento real para sustentar essa tese, a não ser a explícita e declarada ignorância, incompreensão e desinteresse pelos progressos das ciências naturais.

VII

Onde tento concluir uma história que não chegou ao fim.

Mas é realmente possível?

You do look, my son, in a moved sort,
As if you were dismay'd: be cheerful, sir.
Our revels now are ended. These our actors,
As I foretold you, were all spirits, and
Are melted into air, into thin air:
And, like the baseless fabric of this vision,
The cloud-capp'd towers, the gorgeous palaces,
The solemn temples, the great globe itself,
Yea, all which it inherit, shall dissolve,
And, like this insubstantial pageant faded,
Leave not a rack behind. We are such stuff
As dreams are made on; and our little life
*Is rounded with a sleep.**

* "Você parece, meu filho, consternado, como se estivesse preso de algum temor. Anime-se, senhor. Nossa diversão chegou ao fim. Esses nossos atores, como lhe antecipei, eram todos espíritos e dissolveram-se no ar, em pleno ar, e, tal qual a construção infundada dessa visão, as torres, cujos topos se deixam cobrir pelas nuvens, e os palácios, maravilhosos, e os templos, solenes, e o próprio globo, grandioso, e também todos os que nele aqui estão e todos os

Um dos mais fascinantes progressos recentes das neurociências diz respeito ao funcionamento do nosso sistema visual: como fazemos para ver? Como fazemos para saber, com um olhar, que temos diante de nós um livro ou um gato?

Pareceria natural pensar que receptores detectam a luz que chega à retina dos nossos olhos e a transformam em sinais que correm para o interior do nosso cérebro, onde grupos de neurônios elaboram a informação de maneira cada vez mais complexa, até interpretá-la e identificar os objetos. Neurônios reconhecem linhas que separam cores, outros neurônios reconhecem formas desenhadas por essas linhas, outros comparam essas formas com dados da nossa memória... outros ainda chegam a reconhecer alguma coisa: é um gato.

Mas não é o que acontece. O cérebro não funciona assim. Funciona ao contrário. A maior parte dos sinais não viaja dos olhos para o cérebro: viaja em sentido oposto, do cérebro para os olhos.[1]

O que acontece é que o cérebro *espera* ver alguma coisa, com base no que aconteceu antes e no que sabe. Elabora uma imagem do que *prevê* que os olhos devem ver. Essa informação é enviada do cérebro para os olhos, através de fases intermediárias. Caso se detecte uma discrepância entre o que o cérebro espera e a luz que chega aos olhos, *apenas* neste caso os circuitos neurais enviam sinais para o cérebro. Ou seja, dos olhos para o cérebro não viaja a imagem do ambiente observado, mas apenas a notícia de eventuais discrepâncias em relação ao que o cérebro espera.

---

que o receberem por herança se esvanecerão e, assim como se foi terminando e desaparecendo essa apresentação insubstancial, nada deixará para trás um sinal, um vestígio. Nós somos esta matéria de que se fabricam os sonhos, e nossas vidas pequenas têm por acabamento o sono." Tradução de Beatriz Viégas-Faria (Porto Alegre: LP&M, 2002). (N. T.)

A descoberta de que a visão funciona dessa maneira foi uma surpresa. Mas, pensando bem, é claro que essa é uma maneira eficiente de coletar informações do ambiente. Que sentido teria enviar para o cérebro sinais que apenas confirmam o que o cérebro já sabe? Os profissionais de informática usam técnicas semelhantes para comprimir arquivos de imagens. Em vez de colocar na memória a cor de todos os pixels, inserem ali apenas a informação de onde a cor *muda*: menos informação, suficiente para reconstruir a imagem.

No entanto, as implicações conceituais sobre a relação entre o que vemos e o mundo são notáveis. Quando olhamos ao nosso redor, não estamos realmente "observando": em vez disso, estamos sonhando uma imagem do mundo com base no que sabíamos (incluindo preconceitos equivocados) e inconscientemente perscrutamos para detectar eventuais discrepâncias e, quando necessário, tentar corrigi-las.

Em outras palavras, o que vemos não é uma reprodução do exterior. É o que esperamos ver, corrigido pelo que conseguimos captar. Os dados recebidos relevantes não são os que *confirmam* o que já sabíamos. São os que *contradizem* nossas expectativas.

Às vezes, é um detalhe: o gato mexeu uma orelha. Outras vezes, algo nos alerta para pular para outra hipótese: Ah! Não era um gato, era um tigre! Às vezes, é uma cena inteiramente nova, à qual tentamos de algum modo dar um sentido imaginando uma versão que tenha sentido para nós. É em termos do que já sabemos que procuramos dar sentido ao que chega às nossas pupilas.

Essa poderia até ser uma maneira geral de atuar do cérebro. Por exemplo, no modelo chamado PCM (Projective Consciousness Model),[2] a hipótese é que a consciência é a atividade do cérebro que procura prever os dados recebidos que dependem perspectivamente da variabilidade do corpo e do mundo, neste sentido construindo representações, procurando constantemente minimizar os erros de previsão, com base nas discrepâncias observadas.

Usando as palavras de Hyppolyte Taine, filósofo francês do século XIX, podemos dizer que "a percepção externa é um sonho interno que consegue estar em harmonia com as coisas externas. Em vez de chamar uma percepção falsa de 'alucinação', deveríamos chamar a percepção externa de 'uma alucinação confirmada'".[3]

No fundo, a ciência é apenas uma extensão da maneira como vemos: procuramos discrepâncias entre o que esperamos e o que conseguimos captar do mundo. Temos visões do mundo e, se não funcionam, tentamos mudá-las. Todo o saber humano foi construído assim.

A visão acontece no cérebro de cada um de nós, em frações de segundo. Já o conhecimento cresce muito mais lentamente, no denso diálogo de toda a humanidade, em anos, décadas, séculos. A primeira diz respeito à organização individual da experiência e constitui o mundo psíquico; o segundo, à organização social da experiência que funda a ordem física como a descreve a ciência. (Bogdanov: "A diferença entre as ordens psíquica e física se reduz à diferença entre a experiência organizada individualmente e a experiência organizada socialmente".)[4] Mas trata-se da mesma coisa: atualizamos e melhoramos os nossos mapas mentais sobre a realidade, a nossa estrutura conceitual, para explicar as discrepâncias que observamos entre as ideias que temos e o que nos vem da realidade. E, portanto, para decifrá-la cada vez melhor.[5]

Às vezes, num detalhe, aprendemos algum fato novo. Às vezes, rediscutir as nossas expectativas afeta a própria gramática conceitual da nossa forma de pensar o mundo. Atualizamos a nossa imagem mais profunda do mundo. Descobrimos novos mapas para pensar a realidade, que nos mostram o mundo um pouco melhor.

Isso é a teoria dos quanta.

* * *

Sem dúvida há algo de desconcertante na visão de mundo que surge dessa teoria. Temos de abandonar algo que nos parecia muito, muito natural: a ideia de um mundo feito de coisas. Temos de reconhecê-la como um velho preconceito, uma carroça velha que não nos serve mais.

Alguma coisa da concretude do mundo parece se dissolver no ar, como nas cores iridescentes e violáceas de uma viagem psicodélica. Deixa-nos aturdidos como as palavras de Próspero na epígrafe deste capítulo: "E, tal qual a construção infundada dessa visão, as torres, cujos topos se deixam cobrir pelas nuvens, e os palácios, maravilhosos, e os templos, solenes, e o próprio globo, grandioso, e também todos os que nele aqui estão e todos os que o receberem por herança se esvanecerão e, assim como se foi terminando e desaparecendo essa apresentação insubstancial, nada deixará para trás um sinal, um vestígio".

É o fim de *A tempestade*, a última obra de Shakespeare, uma das passagens mais emocionantes da história da literatura. Depois de fazer seu público viajar na imaginação e tê-lo transportado para longe, Próspero/Shakespeare o conforta: "Você parece, meu filho, consternado, como se estivesse preso de algum temor. Anime-se, senhor. Nossa diversão chegou ao fim. Esses nossos atores, como lhe antecipei, eram todos espíritos e dissolveram-se no ar, em pleno ar". Para depois se diluir com voz baixa naquele sussurro imortal: "Nós somos esta matéria de que se fabricam os sonhos, e nossas vidas pequenas têm por acabamento o sono".

Sinto-me assim, ao final desta longa meditação sobre a mecânica quântica. A solidez do mundo físico parece ter se dissolvido no ar, como as torres coroadas de nuvens e os palácios maravilhosos de Próspero. A realidade se desfiou num jogo de espelhos.

Mas aqui não estamos falando da imaginação fértil do grande bardo, das suas incursões no coração dos homens. Tampouco de uma recente especulação suscitada por alguns físicos teóricos demasiado criativos. Não, estamos falando da paciente, racional, empírica, rigorosa pesquisa da física fundamental, que nos levou a essa dissolução da substancialidade. Trata-se da melhor teoria científica encontrada até agora pela humanidade, a base da tecnologia moderna, cuja confiabilidade é inquestionável.

Acho que é hora de encarar essa teoria, discutir sua natureza fora dos círculos restritos dos físicos teóricos e dos filósofos, e instilar seu mel destilado, dulcíssimo e um pouco inebriante nas malhas de toda a cultura contemporânea.*

Espero que este meu escrito possa contribuir um pouco para isso.

A melhor descrição da realidade que encontramos é em termos de eventos que tecem uma rede de interações. Os "entes" não passam de efêmeros nós dessa rede. Suas propriedades só são determinadas no momento dessas interações, e apenas em relação a outra coisa: cada coisa é apenas aquilo que se reflete em outras.

Toda visão é parcial. Não existe uma forma de ver a realidade que não dependa de uma perspectiva. Não há um ponto de vista absoluto, universal. No entanto, os pontos de vista se comunicam, os saberes estão em diálogo entre si e com a realidade, no diálogo

* Obviamente já são muitas as linhas de pensamento que se inspiram ou se baseiam na mecânica quântica, de maneira mais ou menos séria. Por exemplo, acho inteligente e fascinante a maneira como Karen Barad utiliza as ideias de Bohr em *Meeting the Universe Halfway* (Durham, NC: Duke University Press, 2007) e "Posthumanist Performativity: Toward an Understanding of How Matter Comes to Matter", *Signs: Journal of Women in Culture and Society*, v. 28, pp. 801-31, 2003.

se modificam, se enriquecem, convergem, nossa compreensão da realidade se aprofunda.

O ator desse processo não é um sujeito distinto da realidade fenomênica, nem um ponto de vista transcendente: o ator é uma própria parte daquela realidade, a quem a seleção ensinou a se ocupar de correlações úteis, informações que têm significado. Nosso próprio discurso sobre a realidade é parte da realidade.

Nosso eu, nossas sociedades e nossa vida cultural, espiritual e política são feitos de relações.

Por isso, tudo o que conseguimos fazer nos séculos foi realizado numa rede de trocas. Por isso, a política de colaboração é mais sensata e eficaz que a política de competição...

Por isso, creio, até a própria ideia de um eu individual, aquele eu rebelde e solitário que me impeliu às desenfreadas perguntas solitárias da minha adolescência, aquele eu que julgava ser completamente independente e totalmente livre... por isso, no final, se reconhece apenas como uma pequenina prega, numa rede de redes...

As perguntas da adolescência que me levaram a estudar física na universidade, há tantos anos — entender a estrutura da realidade, entender como nossa mente funciona, como faz para compreender a realidade —, continuam abertas. Mas aprendemos. A física não me decepcionou. Me enfeitiçou, me deixou admirado, confuso, aturdido, inquieto, me fez passar noites insones olhando para a escuridão e pensando: "Mas é possível de verdade? Como acreditar nisso?". A pergunta sussurrada por Časlav na praia da ilha de Lamma, com a qual comecei estas páginas.

A física me parecia o lugar onde o entrelaçamento entre a estrutura da realidade e as estruturas do pensamento era mais estreito, o lugar onde esse entrelaçamento era submetido à prova de fogo de uma evolução contínua. A viagem realizada foi mais surpreendente e cheia de aventuras do que eu esperava. Espaço, tempo, matéria, pensamento, toda a realidade apenas se redesenhou diante dos meus olhos, como num vasto caleidoscópio mágico. A teoria dos quanta, mais do que a imensidão do universo e da descoberta da sua grande história, mais ainda que as extraordinárias previsões de Einstein, foi para mim o cerne desse questionamento radical dos nossos mapas mentais.

A visão clássica do mundo, para usar as palavras de Taine, é uma alucinação não mais confirmada. O mundo fragmentado e insubstancial da teoria dos quanta é, por enquanto, a alucinação mais em harmonia com o mundo...

Há uma sensação de vertigem, liberdade, alegria e leveza na visão do mundo que as descobertas sobre os quanta nos oferecem. "Você parece, meu filho, consternado, como se estivesse preso de algum temor. Anime-se, senhor." No fundo, as curiosidades de adolescente, que me levaram para a física como uma criança que segue uma flauta mágica, encontraram mais castelos encantados do que eu esperava. O mundo da teoria dos quanta, que a viagem de um jovem para a ilha sagrada do mar do Norte nos descortinou, e que procurei contar nestas páginas, me parece extraordinariamente bonito.

Goethe escreveu que Helgoland, extrema, vergastada pelo vento, é um lugar da Terra que "exemplifica o infinito fascínio da natureza". E que na ilha sagrada podia ser experimentado o "espírito do mundo", o *Weltgeist*.[6] Talvez tenha sido esse o espírito que falou com Heisenberg, para ajudá-lo a sacudir um pouco a poeira dos nossos olhos...

Todas as vezes que alguma coisa sólida é colocada em questão, alguma outra coisa se abre e nos permite ver mais longe. Tenho a impressão de que observar a dissolução da substância, do que parecia sólido como a rocha, torna mais leves para nós a transitoriedade e o doce fluir da vida.

A interconexão das coisas, o refletir-se uma na outra, tem o brilho de uma luz clara que a frieza da mecânica setecentista não conseguia capturar.

Mesmo que nos deixe estarrecidos. Mesmo que nos deixe uma sensação profunda de mistério.

Agradecimentos

Obrigado a Blu. Obrigado a Emanuela, Lee, Časlav, Jenann, Ted, David, Roberto, Simon, Eugenio, Aurélien, Massimo, Enrico, por uma infinidade de coisas. A Andrea, por seus preciosos comentários à primeira redação do livro, a Maddalena, por ter tornado estas linhas legíveis, a Sami, com saudade, por seu apoio e sua amizade, a Guido, por ter me mostrado o caminho da minha vida, a Bill, por ter sido o primeiro, há quinze anos, a ter a paciência de me ouvir sobre essas coisas, a Wayne, por seus insights, a Chris, por sua hospitalidade, a Antonino, pelas excelentes sugestões. Ao meu pai, porque está me ensinando a ainda estar presente quando já se partiu. A Simone e Alejandro, por terem formado juntos o melhor grupo de pesquisa do mundo. Aos meus fantásticos alunos, aos colegas de física e de filosofia, com quem ao longo dos anos discuti todas essas coisas, aos meus leitores maravilhosos. A todas essas pessoas que, juntas, tecem a mágica rede de relações, da qual este livro é um fio. Obrigado, sobretudo, a Werner e Aleksandr.

Créditos das imagens

pp. 28 e 51 (embaixo): imagens vetoriais © Snap2Art/Shutterstock.com; pp. 55 e 61: © robodread/stock.adobe.com, ElenaShow/Shutterstock.com; pp. 60 e 67: imagens vetoriais © ElenaShow/Shutterstock.com, Abstractman 24/Shutterstock.com; pp. 62, 64 e 175: © robodread/stock.adobe.com; p. 78: imagens vetoriais © Anton Belo/Shutterstock.com, ElenaShow/Shutterstock.com, Abstract man 24/Shutterstock.com; p. 80: imagens vetoriais © Clipart.Email, perapong/stock.adobe.com, Anton Belo/Shutterstock.com, Serz_72/Shutterstock.com, ElenaShow/Shutterstock.com, Abstract man 24/Shutterstock.com; p. 178 (à esquerda): Werner Heisenberg, 1924 © 2020 Foto Scala, Firenze/bpk, Bildagentur für Kunst, Kultur und Geschichte, Berlim.

Notas

A ABSURDA IDEIA DO JOVEM WERNER HEISENBERG: "OS OBSERVÁVEIS" [pp. 17-28]

1. Esta citação de Heisenberg e as seguintes foram tomadas, com mínimas adaptações, de W. Heisenberg, *Der Teil und das Ganze* (Munique: Piper, 1969).

2. N. Bohr, "The Genesis of Quantum Mechanics", em *Essays 1958-1962 on Atomic Physics and Human Knowledge* (Nova York: Wiley, 1963), pp. 74-8; trad. it. "La genesi della meccanica quantistica", em *I quanti e la vita* (Turim: Boringhieri, 1965), pp. 190-1.

3. W. Heisenberg, "Über quantentheoretische Umdeutung kinematischer und mechanischer Beziehungen", *Zeitschrift für Physik*, v. 33, pp. 879-93, 1925.

4. M. Born e P. Jordan, "Zur Quantenmechanik", *Zeitschrift für Physik*, v. 34, pp. 858-88, 1925.

5. P. A. M. Dirac, "The Fundamental Equations of Quantum Mechanics", *Proceedings of the Royal Society A*, v. 109, n. 752, pp. 642-53, 1925.

6. Ele percebe que as tabelas de Heisenberg são variáveis que não comutam, e isso o leva a pensar nos Parênteses de Poisson, que encontrou num curso de mecânica avançada. Um delicioso relato daqueles anos fatais, nas palavras do próprio Dirac, então com 73 anos, está disponível em: <www.youtube.com/watch?v=vwYs8tTLZ24>.

7. M. Born, *My Life: Recollections of a Nobel Laureate* (Londres: Taylor & Francis, 1978), p. 218.

8. W. Pauli, "Über das Wasserstoffspektrum vom Standpunkt der neuen Quantenmechanik", *Zeitschrift für Physik*, v. 36, pp. 336-63, 1926, um virtuosismo de técnica.

9. Citado em F. Laudisa, *La realtà al tempo dei quanti: Einstein, Bohr e la nuova immagine del mondo* (Turim: Bollati Boringhieri, 2019), p. 115.

10. A. Einstein, *Corrispondenza con Michele Besso (1903-1955)* (Nápoles: Guida, 1995), p. 242.

11. N. Bohr, *The Genesis of Quantum Mechanics*, op. cit., p. 75; trad. it. op. cit., p. 191.

12. Nos termos de Dirac: q-números. Em termos mais modernos: operadores. Mais em geral: variáveis da álgebra não comutativa definida pela equação da qual falarei no capítulo IV.

A CONFUSA Ψ DE ERWIN SCHRÖDINGER: "A PROBABILIDADE" [pp. 29-35]

1. W. J. Moore, *Schrödinger, Life and Thought* (Nova York: Cambridge University Press, 1989); trad. it. *Erwin Schrödinger scienziato e filosofo*, org. de B. Bertotti e U. Curi (Pádua: Il poligrafo, 1994).

2. E. Schrödinger, "Quantisierung als Eigenwertproblem (Zweite Mitteilung)", *Annalen der Physik*, v. 384, n. 6, pp. 489-527, 1926.

3. Ou seja, invertendo a aproximação icônica.

4. E. Schrödinger, "Quantisierung als Eigenwertproblem (Erste Mitteilung)", *Annalen der Physik*, v. 384, n. 4, pp. 361-76, 1926. Ele escreveu primeiro a equação relativística e pensou que estivesse errada. Depois se contentou em estudar o limite não relativístico, e isso funcionou.

5. E. Schrödinger, "Über das Verhältnis der Heisenberg-Born-Jordanschen Quantenmechanik zu der meinen", *Annalen der Physik*, v. 384, n. 5, pp. 734-56, 1926.

6. Em todo o livro, denomino ψ tanto a função de onda, ou seja, o estado quântico na base da posição, como o estado quântico abstrato, representado por um vetor num espaço de Hilbert. Para as considerações a seguir, a distinção não é relevante.

7. George Uhlenbeck, citado em A. Pais, "Max Born's Statistical Interpretation of Quantum Mechanics", *Science*, v. 218, pp. 1193-8, 1982.

8. Citado em M. Kumar, *Quantum: Einstein, Bohr, and the Great Debate about the Nature of Reality* (Londres: Icon Books, 2010); trad. it. *Quantum. Da Einstein a Bohr, la teoria dei quanti, una nuova idea della realtà* (Milão: Mondadori, 2017), p. 155.

9. Ibid., p. 218.

10. E. Schrödinger, *Nature and the Greeks and Science and Humanism* (Cambridge: Cambridge University Press, 1996).

11. M. Born, "Quantenmechanik der Stoßvorgänge", *Zeitschrift für Physik*, v. 38, pp. 803-27, 1926.

12. O módulo quadrado de $\psi(x)$ dá a densidade da probabilidade de que a partícula seja observada no ponto x, e não em outro lugar.

13. Agora as regras mudaram e tornou-se ilegal.

14. Do mesmo modo, a teoria de Heisenberg nos dá a probabilidade de ver alguma coisa, dadas as observações precedentes.

A GRANULARIDADE DO MUNDO: "OS QUANTA" [pp. 36-42]

1. $B = 2h\nu^3c^{-2}/(e^{h\nu/kT} - 1)$.

2. M. Planck, "Über eine Verbesserung der Wien'schen Spectralgleichung", *Verhandlungen der Deutschen Physikalischen Gesellschaft*, v. 2, pp. 202-4, 1900.

3. $E = h\nu$.

4. A. Einstein, "Über einen die Erzeugung und Verwandlung des Lichtes betreffenden heuristischen Gesichtspunkt", *Annalen der Physik*, v. 322, n. 6, 1905, pp. 132-48.

5. É o efeito em que se baseiam as células fotoelétricas: a luz produz uma pequena corrente elétrica quando incide sobre determinados metais. O estranho é que isso não acontece com luz de baixa frequência, independentemente da intensidade da luz. Einstein compreende que o motivo é que — independentemente de quantos são — os fótons de baixa frequência são menos energéticos e não têm energia suficiente para extrair elétrons dos átomos.

6. N. Bohr, "On the Constitution of Atoms and Molecules", *Philosophical Magazine and Journal of Science*, v. 26, pp. 1-25, 1913.

7. Posteriormente publicada em N. Bohr, "The Quantum Postulate and the Recent Development of Atomic Theory", *Nature*, v. 121, pp. 580-90, 1928.

8. P. A. M. Dirac, *Principles of Quantum Mechanics* (Oxford: Oxford University Press, 1930).

9. J. von Neumann, *Mathematische Grundlagen der Quantenmechanik* (Berlim: Springer, 1932).

10. J. Bernstein, "Max Born and the Quantum Theory", *American Journal of Physics*, v. 73, pp. 999-1008, 2005.

SOBREPOSIÇÕES [pp. 47-56]

1. P. A. M. Dirac, *I principi della meccanica quantistica* (Turim: Bollati Boringhieri, 1968); L. D. Landau e E. M. Lifšits, *Meccanica quantistica* (Roma: Riuniti, 1976); R. Feynman, *La Fisica di Feynman* (Londres: Addison-Wesley, 1970), v. III; E. H. Wichmann, "Fisica quantistica", em *La fisica di Berkeley* (Bolonha: Zanichelli, 1973), v. IV; A. Messiah, *Quantum Mechanics* (Amsterdã: North Holland Publishing Company, 1967), v. I.

2. Citado em A. Pais, *Ritratti di scienziati geniali. I fisici del XX secolo* (Turim: Bollati Boringhieri, 2007), p. 31.

3. E. Schrödinger, "Die gegenwärtige Situation in der Quantenmechanik", *Naturwissenschaften*, v. 23, pp. 807-12, 1935.

4. Por isso não percebemos a mecânica quântica em nossa vida cotidiana. Não vemos os efeitos de interferência e, portanto, podemos confundir a sobreposição quântica entre gato-acordado e gato-dormindo com o simples fato de não saber se o gato está dormindo ou não. A supressão dos fenômenos de interferência por objetos que interagem com um amplo número de variáveis ambientais é bem compreendida. Seu nome técnico é "decoerência quântica".

LEVAR Ψ A SÉRIO: MUNDOS MÚLTIPLOS, VARIÁVEIS OCULTAS E COLAPSOS FÍSICOS [pp. 57-64]

1. Muitos livros reconstroem essa discussão histórica em detalhes. Por exemplo, o ótimo *Quantum*, de Manjit Kumar (op. cit.), e o recente *La realtà al tempo dei quanti*, de Federico Laudisa (op. cit.). Laudisa simpatiza com a intuição de Einstein; eu prefiro seguir as pegadas de Bohr e Heisenberg.

2. D. Kaiser, *How the Hippies Saved Physics: Science, Counterculture, and the Quantum Revival* (Nova York: W. W. Norton, 2012).

3. Uma recente defesa dessa interpretação encontra-se no livro de divulgação científica *Something Deeply Hidden: Quantum Worlds and the Emergence of Spacetime*, de Sean Carroll (Nova York: Dutton Books, 2019).

4. A onda ψ e a equação de Schrödinger não são suficientes para definir e usar uma teoria quântica: é preciso também especificar uma álgebra de observáveis, do contrário não se sabe calcular nada e não existe relação com os fenômenos da nossa experiência. O papel dessa álgebra dos observáveis, claríssimo em outras interpretações, não me parece claro na interpretação de muitos mundos.

5. Uma apresentação e uma defesa da teoria de Bohm podem ser encontradas em *Quantum Mechanics and Experience*, de David Z. Albert (Cambridge: Harvard University Press, 1992).

6. A maneira como interagimos com a partícula é sutil e muitas vezes pouco clara nas apresentações da teoria: a onda de um aparelho de medida interage com a onda do elétron, mas a dinâmica do aparelho é guiada pelo valor da onda comum determinado pela posição do elétron e, portanto, sua evolução é determinada pelo lugar em que o elétron efetivamente está.

7. Há também outra possibilidade: que a mecânica quântica seja apenas uma aproximação e as variáveis ocultas se revelem efetivamente em algum regime específico. Contudo, por ora, essas modificações nas previsões da mecânica quântica não são visíveis.

8. O espaço das configurações do conjunto das partículas.

9. Há diferentes versões dessas teorias, todas bastante artificiais e incompletas. As versões mais conhecidas são duas: um mecanismo concreto criado pelos físicos italianos Giancarlo Ghirardi, Alberto Rimini e Tullio Weber; e a hipótese de Roger Penrose de que o colapso é induzido pela gravidade quando a sobreposição quântica entre configurações diferentes do espaço-tempo ultrapassa um valor-limite.

ACEITAR A INDETERMINAÇÃO [pp. 65-8]

1. C. Calosi e C. Mariani, "Quantum Relational Indeterminacy", *Studies in History and Philosophy of Science. Part B: Studies in History and Philosophy of Modern Physics*, v. 71, pp. 158-69, 2020.

2. Mais precisamente, a quantidade ψ é como a função S de Hamilton (solução da equação de Hamilton-Jacobi) da mecânica clássica: um instrumento de cálculo, não uma entidade a ser considerada real. Para comprovar, observe-se que a função S de Hamilton é efetivamente o limite clássico da função de onda: $\psi \sim \exp iS/\hbar$.

3. No sentido de Fichte, Schelling e Hegel.

RELAÇÕES [pp. 73-8]

1. Para uma introdução técnica à interpretação relacional da mecânica quântica, ver o verbete "Relational Quantum Mechanics", em *The Stanford Encyclopedia of Philosophy*, org. de E. N. Zalta, disponível em: <plato.stanford.edu/archives/win2019/entries/qm-relational>.

2. N. Bohr, *The Philosophical Writings of Niels Bohr* (Woodbridge: Ox Bow Press, 1998), v. IV, p. 111.

3. As propriedades a que me refiro são as variáveis: ou seja, as descritas por funções sobre o espaço de fases. Não as propriedades invariantes como a massa de uma partícula não relativística.

4. Um evento é real em relação a uma pedra se age sobre ele, se o modifica. Um evento não é real em relação à pedra se o seu acontecimento implica que não ocorram fenômenos de interferência em relação à pedra que ocorrem em outros casos.

O MUNDO RAREFEITO E LEVE DOS QUANTA [pp. 79-84]

1. A. Aguirre, *Cosmological Koans: A Journey to the Heart of Physical Reality* (Nova York: W. W. Norton, 2019).

2. E. Schrödinger, *Nature and the Greeks and Science and Humanism*, op. cit.

3. Um evento *e1* é "relativo a A, mas não a B", no seguinte sentido: *e1* age sobre A, mas existe um evento *e2* que pode agir sobre B e teria sido impossível se *e1* tivesse agido sobre B.

4. O primeiro a se dar conta do caráter relacional da onda ψ foi um jovem estudante de pós-graduação norte-americano em meados dos anos 1950: Hugh Everett III. Sua tese de doutorado, intitulada *A formulação da mecânica quântica baseada nos estados relativos*, teve muita influência nas discussões sobre os quanta.

5. C. Rovelli, *Che cos'è la scienza. La rivoluzione di Anassimandro* (Milão: Mondadori, 2011).

EMARANHAMENTO [pp. 87-93]

1. Juan Yin, Yuan Cao, Yu-Huai Li et al., "Satellite-based Entanglement Distribution over 1200 Kilometers", *Science*, v. 356, pp. 1140-4, 2017.

2. J. S. Bell, "On the Einstein Podolsky Rosen Paradox", *Physics Physique Fizika*, v. 1, 1964, pp. 195-200.

3. O argumento de Bell é sutil, muito técnico, mas sólido. O leitor interessado pode encontrá-lo, com amplos detalhes, por exemplo na *Stanford Encyclopedia of Philosophy*, disponível em: <plato.stanford.edu/entries/bell-theorem>.

4. Não vive na soma tensorial dos dois espaços de Hilbert $H1 \oplus H2$, mas em seu produto tensorial $H_1 \otimes H_2$. Numa base qualquer, a função de onda geral dos

dois sistemas não tem a forma $\psi_{12}(x_1,x_2) = \psi_1(x_1)\ \psi_2(x_2)$, mas é uma função genérica $\psi_{12}(x_1,x_2)$ e, portanto, pode ser uma sobreposição quântica de termos da forma $\psi_{12}(x_1,x_2) = \psi_1(x_1)\psi_2(x_2)$, ou seja, incluir estados emaranhados.

5. Na linguagem da filosofia analítica, a relação não acontece no estado dos objetos individuais. É necessariamente externa, não interna.

A DANÇA A TRÊS QUE TECE AS RELAÇÕES DO MUNDO [pp. 94-6]

1. O motivo é que no estado emaranhado da forma $|A\rangle \otimes |OA\rangle + |B\rangle \otimes |OB\rangle$ em que A e B são as propriedades observadas e OA e OB são as variáveis do observador correlatas a essas propriedades, uma medida de A colapsa o sistema no estado $|A\rangle \otimes |OA\rangle$ e, portanto, implica que uma medida sucessiva das variáveis do observador resulte em OA.

INFORMAÇÃO [pp. 97-105]

1. Essa é a definição de "informação relativa" dada por Shannon em seu trabalho clássico que introduz a teoria da informação: C. E. Shannon, "A Mathematical Theory of Communication", *The Bell System Technical Journal*, v. 27, pp. 379-423, 1948. Shannon insiste que sua definição não tem nada de mental ou semântica.

2. Esses postulados foram introduzidos em C. Rovelli, "Relational Quantum Mechanics", *International Journal of Theoretical Physics*, v. 35, pp. 1637-78, 1996, disponível em: <arxiv.org/abs/quant-ph/9609002>.

3. Cujo espaço de fases tenha volume de Liouville finito. Todo sistema físico pode ser aproximado oportunamente com um espaço de fases de volume finito.

4. Por exemplo, se medimos o *spin* de uma partícula *spin* ½ ao longo de duas direções diferentes, o resultado da segunda medida torna o resultado da primeira irrelevante para prever os resultados de futuras medidas de *spin*.

5. Ideias semelhantes às introduzidas no artigo citado na nota 2 foram publicadas independentemente em A. Zeilinger, "On the Interpretation and Philosophical Foundation of Quantum Mechanics", em *Vastakohtien todellisuus, Festschrift for K. V. Laurikainen*, org. de U. Ketvel et al. (Helsinque: Helsinki University Press, 1996); Č. Brukner e A. Zeilinger, "Operationally Invariant Information in Quantum Measurements", *Physical Review Letters*, v. 83, pp. 3354-7, 1999.

6. Mais precisamente: nenhum grau de liberdade de nenhum sistema físico pode ter o seu estado localizado no seu espaço de fases com precisão maior que $\hbar$ (a constante $\hbar$ tem as dimensões de um volume no espaço de fases).

7. W. Heisenberg, "Über den anschaulichen Inhalt der quantentheoretischen Kinematik und Mechanik", *Zeitschrift für Physik*, v. 43, pp. 172-98, 1927.

8. Inicialmente Heisenberg e Bohr interpretaram o fato de que medir uma variável alterava uma outra de maneira concreta: por causa da granularidade — pensavam —, nenhuma medida pode ser suficientemente delicada para não modificar o objeto observado. Mas Einstein, com críticas insistentes, os obrigou a reconhecer que as coisas são mais sutis. O princípio de Heisenberg não significa que posição e velocidade tenham valores definidos e que não podemos conhecer os dois porque medir um modifica o outro. Significa que uma partícula quântica é algo que nunca tem posição e velocidade perfeitamente determinadas. Algo das suas variáveis é sempre indeterminado. Determina-se apenas numa interação, à custa de deixar indeterminada alguma outra coisa.

9. Os observáveis formam uma álgebra não comutativa.

10. Esse fato é bem esclarecido pelo fenômeno da "decoerência quântica", que faz com que os fenômenos de interferência quântica não sejam visíveis na presença de um ambiente com muitas variáveis.

11. É o teorema do limite central. Sua versão simples é que a flutuação da soma de N variáveis cresce comumente como $\sqrt{N}$ e isso implica uma flutuação da média da ordem de $\sqrt{N}/N$ que vai a zero para grandes N.

ALEKSANDR BOGDANOV E VLADÍMIR LÊNIN [pp. 111-22]

1. V. Il'in, *Materializm i empiriokriticizm* (Moscou: Zveno, 1909); trad. it. V. Lenin, *Materialismo ed empiriocriticismo* (Roma: Riuniti, 1973).

2. A. Bogdanov, *Empiriomonizm. Stat'i po filosofii* (Moscou: S. Dorovatovskij i A. Čarušnikov, 1904-6); trad. ing. *Empiriomonism: Essays in Philosophy, Books 1-3* (Leiden: Brill, 2019).

3. Um agudo relato das ideias de Mach e uma interessante reavaliação de seu pensamento encontram-se em E. C. Banks, *The Realistic Empiricism of Mach, James, and Russell: Neutral Monism Reconceived* (Cambridge: Cambridge University Press, 2014).

4. "Uma pressão barométrica mínima pairava sobre o Atlântico; dirigia-se para leste, rumo à pressão máxima instalada sobre a Rússia, e ainda não mostrava tendência de se desviar dela para o norte. As isotermas e isóteras cumpriam suas funções.

A temperatura do ar estava numa relação correta com a temperatura média do ano, a do mês mais frio e a do mês mais quente e a oscilação aperiódica mensal. O nascer e o pôr do sol e da lua, a variação do brilho da Lua, de Vênus, do anel de Saturno, e outros fenômenos importantes transcorriam segundo as previsões dos anuários de astronomia. O vapor d'água no ar estava na fase de maior distensão, a umidade era baixa. Numa frase que, embora antiquada, descreve bem as condições: "Era um belo dia de agosto de 1913" (introdução de R. Musil, *Der Mann ohne Eigenschaften* [Berlim: Rowohlt, 1930], v. I; trad. it. *L'uomo senza qualità* [Turim: Einaudi, 1957], v. I, p. 5). [Reproduzimos aqui a tradução de Lya Luft e Carlos Abbenseth. *O homem sem qualidades*, 5. ed. (Rio de Janeiro: Nova Fronteira, 2018), p. 5.]

5. F. Adler, *Ernst Machs Überwindung des mechanischen Materialismus* (Viena: Brand & Co., 1918).

6. E. Mach, *Die Mechanik in ihrer Entwicklung historischkritisch dargestellt* (Leipzig: Brockhaus, 1883); trad. it. *La meccanica nel suo sviluppo storico-critico* (Turim: Bollati Boringhieri, 1977).

7. E. C. Banks, *The Realistic Empiricism of Mach, James, and Russell*, op. cit.

8. B. Russell, *The Analysis of Mind* (Londres: Allen & Unwin; Nova York: The Macmillan Company, 1921).

9. A. Bogdanov, "Vera i nauka (O knige V. Il'ina *Materializm i empiriokriticizm*", em *Padenie velikogo fetišizma (Sovremennyj krizis ideologii)* [A queda de um grande fetichismo (A crise ideológica contemporânea)] (Moscou: S. Dorovatovskij i A. Čarušnikov, 1910); trad. it. "Fede e scienza. La polemica su *Materialismo ed empiriocriticismo* di Lenin", em A. Bogdanov et al., *Fede e scienza* (Turim: Einaudi, 1982), pp. 55-148. Uma discussão detalhada das ideias de Mach encontra-se em A. Bogdanov, *Priključenija odnoj filosofskoj školy* (São Petersburgo: Znanie, 1908); trad. it. "Le avventure di una scuola filosófica", em *Fede e scienza*, op. cit., pp. 149-204.

10. Popper também faz uma interpretação equivocada de Mach seguindo linhas semelhantes: K. Popper, "A Note on Berkeley as Precursor of Mach and Einstein", *The British Journal for the Philosophy of Science*, v. 4, pp. 26-36, 1953.

11. "A única propriedade da matéria a que está ligada a posição filosófica do materialismo é a de ser uma realidade objetiva, de existir fora de nossa mente" (V. Lenin, *Materialismo ed empiriocriticismo*, op. cit., cap. V).

12. E. Mach, *Die Mechanik in ihrer Entwicklung historischkritisch dargestellt*, op. cit.; trad. it., op. cit.

13. E, se não for suficiente, releia-se a nota de rodapé do item 4.9 da *Meccanica nel suo sviluppo storico-critico* (op. cit.): parece uma cuidadosa explicação dada por um bom estudante para a ideia fundamental da relatividade geral de Einstein. Só que... foi escrita em 1883, 32 anos antes de Einstein publicar a sua teoria.

14. D. W. Huestis, "The Life and Death of Alexander Bogdanov, Physician", *Journal of Medical Biography*, v. 4, pp. 141-7, 1996.

15. Disponível em: <brill.com/view/book/edcoll/9789004300323/front-7.xml>.

16. Wu Ming, *Proletkult* (Turim: Einaudi, 2018).

17. K. S. Robinson, *Red Mars; Green Mars; Blu Mars* (Nova York: Spectra, 1993-6); trad. it. *Il rosso di Marte; Il verde di Marte; Il blu di Marte* (Roma: Fanucci, 2016-7).

NATURALISMO SEM SUBSTÂNCIA [pp. 123-7]

1. D. Adams, *The Salmon of Doubt: Hitchhiking the Galaxy One Last Time* (Nova York: Del Rey, 2005).

2. Por exemplo, sua resposta à objeção de Einstein apresentada com o experimento ideal da caixa de luz está errada: Bohr evoca a relatividade geral, mas esta não tem nada a ver com a questão, que se refere a um emaranhamento entre objetos distantes.

3. N. Bohr, *The Philosophical Writings of Niels Bohr*, op. cit., p. 111.

4. M. Dorato, "Bohr Meets Rovelli: A Dispositionalist Accounts of the Quantum Limits Of Knowledge", *Quantum Studies: Mathematics and Foundations*, v. 7, 2020, pp. 233-45, disponível em: <doi.org/10.1007/s40509-020-00220-y>.

5. Para Aristóteles, a relação é uma propriedade da substância. É a parte da substância que é relativamente alguma outra coisa (*Categorias*, 7, 6a, 36-7). Para Aristóteles, entre todas as categorias, a relação é a que tem "menos ser e realidade" (*Metafísica*, XIV, 1, 1088a, pp. 22-4 e 30-5). Podemos pensar de outro modo?

SEM FUNDAMENTO? NĀGĀRJUNA [pp. 128-38]

1. C. Rovelli, *Relational Quantum Mechanics*, op. cit.; o verbete "Relational Quantum Mechanics", em *The Stanford Encyclopedia of Philosophy*, op. cit.

2. B. C. van Fraassen, "Rovelli's World", *Foundations of Physics*, v. 40, pp. 390-417, 2010, disponível em: <www.princeton.edu/~fraassen/abstract/Rovelli_sWorld-FIN.pdf>.

3. M. Bitbol, *De l'intérieur du monde: Pour une philosophie et une science des relations* (Paris: Flammarion, 2010). (A mecânica quântica relacional é discutida no capítulo III.)

4. F.-I. Pris, "Carlo Rovelli's Quantum Mechanics and Contextual Realism", *Bulletin of Chelyabinsk State University*, v. 8, pp. 102-7, 2019.

5. P. Livet, "Processus et connexion", em *Le renouveau de la métaphysique*, org. de S. Berlioz, F. Drapeau Contim e F. Loth, no prelo.

6. M. Dorato, "Rovelli's Relational Quantum Mechanics, Anti-Monism, and Quantum Becoming", em *The Metaphysics of Relations*, org. de A. Marmodoro e D. Yates (Oxford: Oxford University Press, 2016), pp. 235-62, disponível em: <arxiv.org/abs/1309.0132>.

7. Ver, por exemplo, S. French e J. Ladyman, "Remodeling Structural Realism: Quantum Physics and the Metaphysics of Structure", *Synthese*, v. 136, pp. 31-56, 2003; S. French, *The Structure of the World: Metaphysics and Representation* (Oxford: Oxford University Press, 2014).

8. L. Candiotto, "The Reality of Relations", *Giornale di Metafisica*, v. 2, pp. 537-51, 2017, disponível em: <philsci-archive.pitt.edu/14165>.

9. M. Dorato, "Bohr Meets Rovelli", op. cit.

10. J. J. Colomina-Almiñana, *Formal Approach to the Metaphysics of Perspectives: Points of View as Access* (Heidelberg: Springer, 2018).

11. A. E. Hautamäki, *Viewpoint Relativism: A New Approach to Epistemological Relativism based on the Concept of Points of View* (Berlim: Springer, 2020).

12. S. French e J. Ladyman, "In Defence of Ontic Structural Realism", em *Scientific Structuralism*, org. de A. Bokulich e P. Bokulich (Dordrecht: Springer, 2011), pp. 25-42; J. Ladyman e D. Ross, *Every Thing Must Go: Metaphysics Naturalized* (Oxford: Oxford University Press, 2007).

13. J. Ladyman, "The Foundations of Structuralism and the Metaphysics of Relations", em *The Metaphysics of Relations*, op. cit.

14. M. Bitbol, *De l'intérieur du monde*, op. cit.

15. L. Candiotto e G. Pezzano, *Filosofia delle relazioni* (Gênova: il nuovo melangolo, 2019).

16. Platão, *Sofista*, 247d-e.

17. C. Rovelli, *L'ordine del tempo* (Milão: Adelphi, 2017).

18. E. C. Banks, *The Realistic Empiricism of Mach, James, and Russell*, op. cit.

19. Nāgārjuna, *Mūlamadhyamakakārikā*; trad. ing. de J. L. Garfield, *The Fundamental Wisdom of the Middle Way: Nāgārjuna's "Mūlamadhyamakakārikā"* (Oxford: Oxford University Press, 1995).

20. Ibid., p. XVIII, 7.

SIMPLES MATÉRIA? [pp. 141-5]

1. E. C. Banks, *The Realistic Empiricism of Mach, James, and Russell*, op. cit., conclusões.

O QUE SIGNIFICA "SIGNIFICADO"? [pp. 146-55]

1. C. Darwin, *The Origin of Species by Means of Natural Selection* (Londres: Murray, 1859).

2. "[Poderiam existir] seres em que acontece como se tudo fosse organizado em vista de um objetivo, quando na realidade as coisas foram estruturadas casualmente e as coisas que não estavam organizadas adequadamente pereceram e perecem, como diz Empédocles, dos 'bovinos com rosto humano'", Aristóteles, *Física*, II, 8, 198b, 29-32.

3. Ibid., II, 8, 198b, 35.

4. Este capítulo segue de perto o artigo de C. Rovelli, "Meaning and Intentionality = Information + Evolution", em *Wandering Towards a Goal*, org. de A. Aguirre, B. Foster e Z. Merali (Cham: Springer, 2018), pp. 17-27. O exemplo e a ideia são inspirados numa conferência de David Wolpert intitulada *Observers as Systems That Acquire Information to Stay Out of Equilibrium*, apresentada no congresso The Physics of the Observer, realizado em Banff, no Canadá, em 2016.

O MUNDO VISTO DE DENTRO [pp. 156-64]

1. D. J. Chalmers, "Facing Up to the Problem of Consciousness", *Journal of Consciousness Studies*, v. 2, pp. 200-19, 1995.

2. J. T. Ismael, *The Situated Self* (Oxford: Oxford University Press, 2007).

3. M. Dorato, "Rovelli's Relational Quantum Mechanics, Anti-Monism, and Quantum Becoming", op. cit.

4. Th. Nagel, "What Is It Like to Be a Bat?", *The Philosophical Review*, v. 83, pp. 435-50, 1974; trad. it. "Com'è essere un pipistrello?", em *Mente e corpo. Dai dilemmi della filosofia alle ipotesi della neuroscienza*, org. de A. De Palma e G. Pareti (Turim: Bollati Boringhieri, 2004), pp. 164-80.

MAS É REALMENTE POSSÍVEL [pp. 167-75]

1. Ver, por exemplo, A. Clark, "Whatever Next? Predictive Brains, Situated Agents, and the Future of Cognitive Science", *Behavioral and Brain Sciences*, v. 36, pp. 181-204, 2013.

2. D. Rudrauf, D. Bennequin, I. Granic, G. Landini et al., "A Mathematical Model of Embodied Consciousness", *Journal of Theoretical Biology*, v. 428, pp. 106-31, 2017; K. Williford, D. Bennequin, K. Friston, D. Rudrauf, "The Projective Consciousness Model and Phenomenal Selfhood", *Frontiers in Psychology*, 2018.

3. H. Taine, *De l'intelligence* (Paris: Librairie Hachette, 1870), v. II, p. 13.

4. A. Bogdanov, *Empiriomonizm. Stat'i po filosofii*, op. cit.; trad. ing., op. cit., p. 28.

5. A relação entre visão e ciência foi desenvolvida na lição *Appearance and Physical Reality*, a ser publicada pela Cambridge University Press no volume *Vision* das Darwin College Lectures. Disponível em: <lectures.dar.cam.ac.uk/video/100/appearance-and-physicalreality>.

6. J. W. Goethe, carta a Christian Dietrich von Buttel de 3 de maio de 1827, em *Gedenkausgabe der Werke, Briefe und Gespräche*, org. de E. Beutler (Zurique: Artemis, 1951), v. XXI, p. 741; carta a Karl Friedrich Zelter de 24 de outubro de 1827, ibid., p. 767.

Índice remissivo

As páginas indicadas em itálico referem-se às notas de rodapé.

1ª EDIÇÃO [2021] 2 reimpressões

ESTA OBRA FOI COMPOSTA PELA ABREU'S SYSTEM EM INES LIGHT
E IMPRESSA EM OFSETE PELA GEOGRÁFICA SOBRE PAPEL PÓLEN DA
SUZANO S.A. PARA A EDITORA SCHWARCZ EM ABRIL DE 2024